生态设计及经典案例点评

陈根 编著

化学工业出版社
·北京·

本书对家居产品、厨卫产品、纺织产品、儿童产品、科技产品等多个领域的一百多种产品的设计创意和生态设计理念进行了解读。这些产品或就地取材，或废物利用，或材料循环使用等，在给设计师启示的同时，强化设计者对绿色设计和绿色生活的热爱。同时，书中给出了每种产品的出处、材料和产品设计师，对于追求时尚生活用品的普通读者也有一定吸引力。

图书在版编目（CIP）数据

生态设计及经典案例点评 / 陈根编著．—北京：化学工业出版社，2016.7（2024.1 重印）
（设计时代）
ISBN 978-7-122-25575-4

Ⅰ.①生…　Ⅱ.①陈…　Ⅲ.①产品设计　Ⅳ.①TB472

中国版本图书馆 CIP 数据核字（2015）第 259499 号

责任编辑：王　烨　　装帧设计：尹琳琳
责任校对：王素芹

出版发行：化学工业出版社（北京市东城区青年湖南街 13 号　邮政编码 100011）
印　　装：涿州市般润文化传播有限公司
787mm×1092mm　1/16　印张 $10\frac{1}{2}$　字数 210 千字　2024 年 1 月北京第 1 版第 2 次印刷

购书咨询：010-64518888　　售后服务：010-64518899
网　　址：http://www.cip.com.cn
凡购买本书，如有缺损质量问题，本社销售中心负责调换。

定　　价：69.00 元

前言

生态设计，可以说一直以来都是设计领域的一个重要设计理念。尤其在生态环境日益恶化的今天，不论是从产品、生命周期或者是环境层面来看，生态、绿色的理念与思想越来越被重视。

产品生态设计经过不同历史时期的演变，今天已经不单一局限在产品的外观造型与生态之间的关系，而更多的则是考虑设计出的产品是否能满足与环境的友好关系，又能满足与人的价值追求相吻合的这样一种设计表达方式。换句话说，产品的使用环境，以及在环境中的使用，这两个层次的关系已不单一地局限于产品设计的层面，已经融入到了营销的层面，是直接影响消费者购买欲望的一种设计表达方式。

特别是对于今天的中国制造业，要想从当前的制造大国走向于更具有竞争力的制造强国，其中工业设计可以说是不可忽视的一股力量。在工业设计中，生态设计，或者说绿色设计，更深入一点也可以表达为可持续设计，这种设计理念在产品设计中的融入，对于整个环境的改善与保护显得至关重要。

如果要让产品在消费者心目中能够脱颖而出，甚至是留下深刻的印象，或者说是让用户爱上这款产品，这其中一个关键的要素就是做好生态设计。也就是如何考虑将产品设计放到整个生态环境中去思考，让产品、环境、用户三者之间建立一种和谐、美好的场景，这可以说是当前摆在设计师面前的一个现实问题。

本书正是基于这些问题的考虑，从家具、家用电器、餐具、儿童用品、包装、特殊产品等多个领域，以图解的方式对当前一些具有代表性产品的生态设计进行了阐释，帮助读者能够更直观地感受和理解生态设计的实质。

本书读者可包含：

1. 各行业内从事品牌策划宣传、产品推广、市场营销的人员；
2. 想要进入产品设计等相关领域的创业、从业人员；
3. 营销咨询公司、设计公司、策划公司等的从业人员；
4. 高等院校设计、管理、营销等专业的师生。

本书由陈根编著。陈道双、陈道利、林恩许、陈小琴、陈银开、卢德建、张五妹、林道姆、李子慧、朱芋锭、周美丽等为本书的编写提供了很多帮助，在此表示深深的谢意。

由于水平及时间所限，书中不妥之处，敬请广大读者及专家批评指正。

编著者

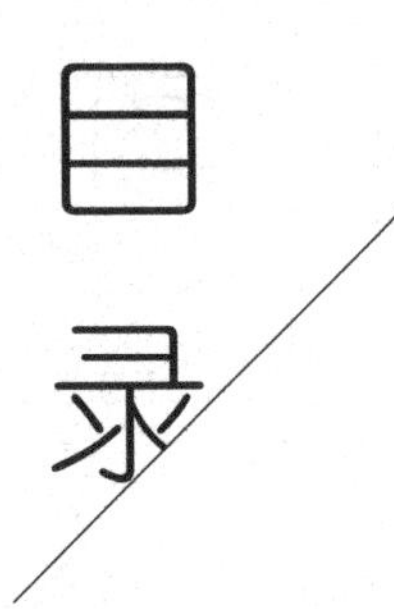

目录

第1章 生态设计基本理论

1.1 生态设计的相关概念 /2
1.1.1 生态设计 /2
1.1.2 生态设计与传统产品设计的比较 /4
1.2 生态设计的特征与基本原则 /5
1.2.1 生态设计的基本特征 /5
1.2.2 生态设计的基本原则 /6
1.3 生态设计策略 /8
1.3.1 选择自然材料 /8
1.3.2 生产技术的最优化 /8
1.3.3 优化产品造型和结构 /9
1.3.4 降低产品的使用能耗 /9
1.3.5 延长产品的生命周期 /10
1.3.6 实施绿色的市场营销 /10
1.3.7 产品处置系统的优化 /11
1.4 生态设计趋势 /11

第2章 生态设计案例点评

1. Baobab coatstand/ 猴面包树衣帽架 /14
2. Coatstand/ 衣帽架 /15
3. Make,shift storage and transportation system/ 制造、变换和运送系统 /16
4. Split series/ 分割系列 /17
5. Sahuaro/ 生态衣架 /18
6. SAK bookshelf/SAK 书架 /19
7. Chest of drawers/ 抽屉五斗柜 /20

8. ACHILLE chair/ 软垫扶手椅 /21
9. Peg chair/ 木桩椅 /22
10. Modular furniture/ 模块化家具 /23
11. Pattern chair/ 花样椅子 /24
12. Rag chair/ 破布椅 /25
13. Fish chair/ 生态鱼椅子 /26
14. Kristalia degree side table/ 学位桌 /27
15. Kada stool/ 卡达凳 /28
16. Burst chair/ 爆裂椅 /29
17. Cover chair/ 包装凳 /30
18. Annie chair 安妮椅 /31
19. RD(Roughly Drawn)legs chair /RD4s 脚椅 /32
20. Subway chair/ 地铁椅 /33
21. Isabella chair / 伊莎贝拉座椅 /34
22. Inkuku chair / 鸡椅 /35
23. Cabbage chair/ 包心菜椅 /36
24. One cut chair/ 平板切割椅 /37
25. AP chair / “AP” 凳子 /38
26. Rubber tire chair/ 轮胎座椅 /39
27. Butterfly stool/ 蝴蝶椅 /40
28. SIE43 chair /SIE43 椅子 /41
29. Victoria bicycle saddle stool/ 维多利亚鞍马凳 /42
30. Bath tub sofa/ 浴缸沙发 /43
31. Zipzi table/ 吉普吉桌 /44
32. Drunk table/ 醉酒桌 /45
33. Flytiptable/ 非法倾倒桌 /46
34. Flip table/ 翻转桌 /47
35. Brancusi table/ 布朗库西桌 /48
36. Living object profiled/ 生命体桌 /49
37. Sidetable-C/ 边桌 C /50
38. One day paper waste table/ 一天废纸桌 /51
39. Precious famine table/ 十足饥饿桌 /52
40. Nucleo’s petroglyph furniture/ 岩石雕刻家具 /53
41. Vintage trunk table/ 古董箱子桌 /54
42. Silvana wash drum coffee table/ 塞尔维娜 洗衣机内胆桌子 /55
43. Everhot cookers - the electric range cooker/ 恒热炊具——电炉炊具 /56
44. Heat storage cook/ 蓄热炉具 /57

45. Green kitchen/ 绿色厨房 /58
46. Pay it back kitchen island/ 回馈中岛式厨房 /59
47. Ekokook/ 生态厨房 /60
48. Flow2 kitchen/ 流动厨房 /61
49. Local river/ 家用食品生产系统 /62
50. Functional kitchen/ 功能厨房 /63
51. Biologic/ 植物洗衣机 /64
52. Ecological water bottle/ 生态水壶 /65
53. Wind fan/ 风扇 /66
54. SAPA TV/ 沙巴电视机 /67
55. Mast humidifier/ 加湿器 /68
56. OLTU/ 概念冰箱 /69
57. Ecopod/ 生态蒸汽洗衣机 /70
58. Bell sound/ 贝尔音响 /71
59. Motz mini FM radio/ 莫兹木质便携音箱 /72
60. Add your own/ 自由设计灯 /73
61. Plamp lamp/Plamp 灯 /74
62. Bamboo weaving lamp/ 竹木编织灯 /75
63. Flowers lamp/ 花灯 /76
64. Punga lights/ 锚形灯 /77
65. Nectar honeycomb droplight / 蜂巢吊灯 /78
66. Nautilus lampshade/ 鹦鹉螺灯罩 /79
67. Light reading lamp/ 旧书灯 /80
68. Photovoltaic street lamp / 光伏路灯 /81
69. Lighting modules / 照明系统 /82
70. 树枝灯具 /83
71. Folded light art/ 折纸艺术灯具 /84
72. CD 吊灯 /85
73. 塑料瓶吊灯 /86
74. 自发电电子设备 /87
75. 吸管灯 /88
76. 番茄供电的 LED 灯 /89
77. A span of lights/ “随意滑动的光” 台灯 /90
78. Tide chandelier/ 潮汐枝形吊灯 /91
79. Milk bottle lamp/ 牛奶瓶灯 /92
80. Capsule light/ 胶囊灯 /93
81. Bendant lamp/ 吊灯 /94
82. Come rain come shine chandelier/ “无论晴雨” 枝形吊灯 /95

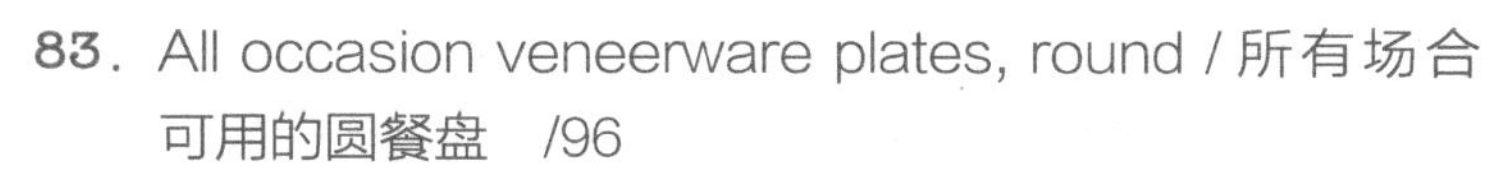

83. All occasion veneerware plates, round / 所有场合可用的圆餐盘 /96
84. Bowl/ 碗 /97
85. Solidware collection/ 实心器皿系列 /98
86. Cutting boards/ 砧板 /99
87. News mats/ 报纸垫 /100
88. Rush mats/ 灯芯草垫 /101
89. Solskin tableware/ 橘子皮餐具 /102
90. Ecological paper tableware/ 生态纸餐具 /103
91. Reusable coffee cup/ 可重复利用的咖啡杯 /104
92. Lacqueware/ 漆器碗 /105
93. Ceramic bowls/ 陶瓷碗 /106
94. Electric steamer / 电蒸笼 /107
95. 莱克盘 /108
96. Gemo salad tongs/ 格莫沙拉夹 /109
97. Tilt bowls/ 斜碗 /110
98. Uit de klei getrokken/ 黏土餐具 /111
99. Cycloc bicycle storage unit/ 脚踏车收纳单元 /112
100. Pet pod/ 宠物窝 /113
101. Woodshell bioplastic computer/ 木质塑胶电脑 /114
102. One laptop per child/ 一个儿童一台电脑 /115
103. Wattson slectricity monitoring device/ 华生电力监控系统 /116
104. ICF-B01 portable radio/ICF-B01 可摇式收音机 /117
105. Jar tops/ 罐盖 /118
106. Fabriano, an ecological trash bin/ 生态垃圾桶 /119
107. Hati cuddle toy/ 竹宝贝毯 /120
108. Office set/ 室内家具套装 /121
109. Mod rocker/ 摩登摇椅 /122
110. Picket chair/ 尖春椅 /123
111. Giddyup rocking stool/ “眼花缭乱”摇凳 /124
112. Surfin kids art time easel/ 冲浪小子艺术时间书架 /125
113. Linear bookcase/ 线性书架 /126
114. Cardboard furniture/ 纸板家具 /127
115. Puppy/ 小狗 /128
116. Sedici animali/ 木制拼图 /129
117. Play object/ 游戏物体 /130
118. Creatures/ 创造物 /131
119. Lucky fish mobile/ 幸运鱼挂饰 /132

120. Float mobile/ 漂浮挂饰 /133
121. Eco cradle/ 生态摇篮 /134
122. Loline changing trunk/Lo 系列换尿片箱 /135
123. Le petit voyage crib/ 旅行婴儿床 /136
124. Seed chair/ 种子椅 /137
125. Finish yourself junior chair/ 告别年少椅子 /138
126. Bzzz honey packaging/ 蜂蜜创意包装设计 /139
127. 60 bag/60 天可完全降解的购物袋 /140
128. PO-ZU packaging/PO-ZU 包装 /141
129. Jewelry packaging / 珠宝包装 /142
130. Light bulb package redesign/ 通用灯泡包装设计 /143
131. Happy eggs package 快乐鸡蛋包装 /144
132. EcoBag / 生态包装 /145
133. Ecoway/ 生态外卖包装 /146
134. Branding&packaging design/ 品牌和色袋设计项目 /147
135. Sue bee honey/ 苏蜜蜂蜜 /148
136. Morning ritual: organic strained yogurt/ 早晨的仪式：有机浓缩酸奶 /149
137. 红酒盒创意台灯 /150
138. Eco & sustainable premium Thai pomelo packaging/ 生态与可持续发展高级泰柚包装 /151
139. Trafiq/ 快餐食品包装 /152
140. LV eco packing/ 路易 · 威登生态包装 /153
141. CLEVER LITTLE BAG / 彪马生态鞋盒 /154
142. Beta5/ 巧克力包装设计 /155
143. 绿色牛奶瓶 /156
144. PlantLove 化妆品包装 /157
145. 360° 纸质水瓶 /158

参考文献 /159

第1章 生态设计基本理论

1.1 生态设计的相关概念

1.1.1 生态设计

回顾历史，人类在享受现代设计文明的同时逐渐导致了设计带来的人与自然的疏离，设计活动对人类生存环境造成了不良影响与破坏。传统的产品设计，多是以“解决问题”或“满足需求”为目的来展开和进行，“以人为本”的理念只体现了服务于人，却忽视了人类社会的可持续发展问题，因而对后续的产品生产及使用过程中的能源消耗，以及对环境的排放都缺少足够的考量。随着社会的快速发展，被忽略的环境问题日益激化，导致各种问题的出现，全球性的生态环境破坏引起了人类的极大关注。于是，生态设计理念应运而生并日益成为设计领域的主流理念，社会可持续发展的要求更使产品生态设计成为大势所趋。

生态理念是对自然环境、社会环境的生态保护和生态发展的观念。“生态理念”指的是自然生态与人文生态的全面整体平衡。自然生态侧重于人与自然的直接关系，向人提供健康的物质性的生理需求；人文生态侧重于人与社会的直接关系，维持社会群体的心理平衡。

当今世界生态危机重重，社会冲突、纷争不断。这些矛盾的核心是因为人类把自己定义为“自然界的主人和占有者”，过分强调人对自然的作用，割裂了人与自然生态相互作用的平衡关系。

随着生产力水平的不断提高，科学技术日益显现出其强大的作用，因此，人类改造自然、影响自然的能力越来越强。对于人类而言，自然界完全不再具有以往的神秘和威力，人类再也无需借助于神明的权威来维持自己对自然的统治，反而越来越以自我为中心。在这种“天赋人权”的名义下，人类的欲望不断膨胀，并开始以征服自然、改造自然、主宰自然的人类中心世界观为主导，用狭隘的世界观去取代自然规律，把自然界逐步看作是取之不尽、用之不竭的宝藏，进行肆无忌惮的掠夺式开发利用，同时把自然界看成是一个无底的垃圾箱，毫无顾忌地向其排放废弃物。自工业革命拉开了现代科技飞速发展的序幕以来，人类进入了一个高速发展的黄金时期，科技进步的巨大成果丰富了人们的物质生活。然而，工业化的现代科技成果让更多的人享受到各种各样的物质便利的同时，其迅速发展的负面影响便是它以人类历史上空前的高速度、高数量地消耗着大自然过亿万年才储存起来的资源，给自然环境带来了巨大的压力，使人类面临着巨大的生存危机和强烈的挑战。

英国著名的历史学家汤因比曾经感言：“自然包括人性在内，而人性是人类最难对付、最难驯服的那部分自然。人类用技术征服非人性的自然界，反而使人类变成人类自己最危险的敌人，因为人类现在是用前所未有的致命武器和污染手段装备起来的。”工业革命所带来的现代工业文明实质上是一把双刃剑，它在促进人类发展的同时，打破了生物圈的最后一丝平衡，人类长此以往的不计后果的对自然生态系统的严重破坏表明，人类与自然已经处于尖锐对抗的激烈战争状态。

进入 21 世纪，随着全球经济的高速发展，科学技术发展迅猛，人类社会生产已达到空前规模。与此同时，伴随着诸如温室效应、能源枯竭、臭氧层破坏、生态环境污染、核武器威胁等众多问题表明生态系统已陷入危机。由此，人们越来越深刻地认识到科技的发展并未给社会带来真正的进步，反而使人类社会陷入了深深的不可摆脱的生态危机之中。

当下，人类共同面临生态危机日益严重的窘境，引起了世界各国的高度重视，将环境保护问题作为可持续发展战略的首要问题，要求世界各国共同行动起来，加强环境保护，以拯救人类赖以生存的地球， 保持经济的可持续发展，确保人类生活水平的持续、稳定和提高。

生态理念作为“生态学”研究人与自然环境和社会环境的生态保护和生态发展的观念，揭示和协调了人文生态和自然生态之间的相互平衡关系。

在工业设计领域，最先让人们接触到生态理念的是批评家 Victor Papanek，他在 1971 年出版的《为了真实世界的设计》一书中提到：“设计者应抵制设计很快过时的产品；应设计消费者需要的而不是想要的产品；用自己的技术为社会创造真正有用的产品。”

遗憾的是当时人们并没有意识到生态设计的重要性。直到 20 世纪 90 年代初，生态设计这个概念才被重新提起。目前对生态设计的普遍理解为：“按照自然环境存在的原则，并与自然相互作用、相互协调，对环境的影响最小，能承载一切生命迹象的可持续发展的设计形式都称为生态设计。”

在产品设计领域对生态设计的理解为：“是以产业生态学为基本原理，将生态因素、环境因素融入到产品设计之中，从而帮助确定产品设计的决策方向。产品生态设计要求在产品开发的所有阶段均考虑环境因素，从产品整个生命周期减少环境影响，最终引导产生一个更具有可持续性的产品。”

目前，全球面临的重大挑战是如何保持经济的发展，保证人们的生活得到可持续的提高，又能维持环境的质量，保护地球的生态环境。产品的生态设计首先需要符合环境的要求，需要以环境资源的优化利用以及节约环保为核心理念展开构思，使产品既能够满足生产发展和人类需求日益增长的需要，同时又能满足资源的永续利用，并且不增加环境的负荷，它是将预防污染和节约资源的战略用于产品设计中，以开发更生态、更经济、可持续发展的产品生产及消费体系。产品的生态设计是建立在人类对自我发展反思的基础上，研究如何使产品的设计更加符合人类的可持续发展以及更加符合人类生存的需要。

产品生态设计的根本目标是把生态环境意识贯穿或渗透于产品和生产工艺的设计之中。其致力于通过设计努力做到既要最大限度降低产品在其整个生命周期中的环境负荷和资源消耗，同时又能满足人们通过产品提高生活质量的要求。设计是产品开发的前端，设计的理念与价值取向最终决定产品的性能与质量。生态设计是可持续发展战略在设计领域的回应，是为解决社会供给的满足与生态环境的可持续而进行的设计实践。它的含义还可以从以下几个角度来理解：一是从环境的保护方面考虑，最大限度减少资源的消耗，实现可持续发展；二是从商业角度考虑，尽可能降低成本、减少潜在的责任风险，以提高产品的市场竞争能力；三是坚持以人为本、加强人性化设计的渗透力，产品的生态设计是以生态产品的形式为人们提供消费成本较低、消费质量更高的生活方式与服务。其出发点和落脚点均是以人为本，生态设计摒弃了人类以无度消耗自然资源、污染环境为代价的发展模式，取而代之的是与自然环境和谐、友好的可持续发展理念，产品的生态设计基于产品与环境的相容性，提倡绿色生产、绿色消费，有利于发展循环经济。产品的设计影响到产品生命周期各个环节的环境问题，延伸到产品废弃后的环境负荷和产品总成本。因此从设计开端就将环境问题纳入到考虑之中，可避免许多环境破坏问题的产生，同时还可以降低产品的环境成本，提高产品的市场竞争力。

1.1.2 生态设计与传统产品设计的比较

传统产品设计的主导思想是以满足人的当前需求为目的，以产品是否顺利实现经济价值作为评价设计成败的标志；生态产品的设计是设计师、生态学家、环境学家共同合作的一个过程，既着眼于人类的当前需求，又考虑到生态系统的平衡健康与人类可持续发展的长远目标。生态设计能够提高资源效率，改善品质，降低成本；可以增强产品竞争力，提升公司形象，扩大市场占有份额；可以兼顾企业、社会与消费者的多种利益。因此，开展生态设计显得尤其重要和必要，是企业缓解资源短缺、社会环境压力巨大的重要手段，也是企业提升自身竞争力，追求可持续发展的内在要求。

传统的产品设计理论和方法都是以人为中心，从满足人的需求及问题解决为出发点进行的，而忽视后续产品生产及使用过程中的资源消耗和环境污染。因此，在产品生态设计中就必须引入新的思想和方法，总结归纳为产品生态设计的内涵与特点，如表 1-1 所示。

表 1-1　产品生态设计的内涵与特点

序号	内涵	特点
1	转向既考虑人的需求，又考虑生态安全的设计	环保效果好，产品生命周期的各个环节对环境无害或危害很少
2	从产品开发概念阶段，就引进生态环境质量的考量	对人体健康或无害
3	将产品的生态环保特性作为提高产品市场竞争力的一个重要因素	资源利用充分，采用的材料种类和数量少
4	综合考虑与产品相关的生态问题，设计出对环境友好又满足人类需求的产品设计方法	能源消耗低，注重充分有效地利用资源、节约能源

1.2　生态设计的特征与基本原则

1.2.1　生态设计的基本特征

产品的生态设计是运用生态学思想，在产品开发阶段综合考虑与产品相关的生态环境因素，设计出环境友好的，又能满足使用者需求的一种产品设计方法。在此提到的产品开发过程中考虑生态环境因素，并不是完全忽略其他因素，产品的生态设计同样遵循设计学的其他原则与方法。不同之处在于生态设计把生态问题作为设计的限制条件纳入到设计之中，因此，如果产品的生态设计仅仅考虑生态因素，就很难进入市场，结果导致产品的生态特性也难以得到实现。生态设计的基本特征主要表现在以下三个方面。

（1）适用性特征

生态设计更加注重人性化设计的渗透力，以生态产品的形式为人们提供消费成本较低、消费质量更高的生活方式与服务。因此，生态产品应是能最大限度满足消费者需求的具有高度适用性的产品。此处的适用，具有双向性，即产品之于消费者是合适的，同时消费者之于产品亦是合适的。适用性强的产品不仅会给消费者带来舒适、便捷的感觉，同时能够物尽其用，不会出现闲置或部分功能闲置等问题。

（2）开放性特征

生态产品还应具有可塑性和可升级性，生态设计是一个可持续发展的概念，是一种动态的思想，这要求设计应具有足够的弹性以适应未来的发展。因此，生态产品不应该是一种固态的，而应该具有开放性，这样更有利于使用者根据自身的具体情况和个性偏爱随意调整，来达到为我所有的境界，目的在于提高产品的使用率，延长产品的使用寿命，从而节约资源，避免浪费。

（3）与环境相协调的特征

生态设计具有与环境相协调的特征是指生态产品应尽可能与外部环境保持协调，尽量减少对自然环境的负面影响，正如中泽新一在他的文章《新的地球创造—自然的睿智》中提到的："自然毫不吝啬地给予人类所有的丰饶。拥有创造力的自然给予人类睿智，允许人类使用技术的力量从自然身上获得资源和能源。但是人类对于这个恩惠并没有给出足够的回报。因此，自然开始失去对人类的爱。于是，处在21世纪的我们，必须找回自然对生命的同感，做出睿智的行为。我们应该再次为技术所引领的文明注入已经失去的睿智，为我们的心灵找回朴实与谦虚的品质，再次尝试着恢复人类与自然以及人类与人类之间被破坏了的和谐关系。"

因此设计师在进行产品的生态设计时应该从产品研发阶段就充分考虑各方面的环境因素，例如：原材料、能源或其他资源的预计消耗；预计会排入空气、水或土壤中的有害物质；噪声、振动、辐射以及电磁干扰等污染；将产生的废弃物；材料和能源回收和重复利用的可能性等等。由以上对生态设计基本原则与特征的分析，可以总结出产品的生态设计不仅是保护环境的一种新战略，也是发展循环经济的需要。循环经济是指在人、自然资源和科学技术的大系统内，在资源投入、企业生产、产品消费及其废弃的全过程中，把传统的依赖资源消耗的线性增长的经济，转变为依靠生态型资源循环来发展的经济，它是以资源的高效利用和循环利用为目标的经济发展方式。发展循环经济要求提高产品的生态效率，生产绿色产品，提倡绿色消费，因此采用生态设计，是今后经济发展的必然趋势。目前为了促进产品的生态设计，国内外有关机构相继制定了许多相关的法律法规来强制各生产部门改进产品设计，生产符合环境要求的产品。这些法律法规在电子电器方面表现得尤为突出，例如欧盟针对用能产品所制定的《用能产品生态设计框架指令》、《废弃的电子电器设备指令》、《禁止使用某些有害物质的指令》以及《家用电器能耗标志》等。

1.2.2 生态设计的基本原则

生态设计是将设计与生态有机统一，通过优良的设计，适宜的技术、材料及方法，改变人们的生产方式与消费方式，以最大限度提高资源的利用率以及尽量防止和减少垃圾的产生，达到有效保护环境及人类生命健康的目的。产品的生态设计除了需要遵循产品设计的各项基本原则外，还应遵循以下两种生态设计的基本原则。

（1）双赢原则

生态设计是可持续发展理念在设计领域的一种具体表现。可持续发展的根本意义就在于不断提高人们生活质量的同时，又能达到逐渐减少资源与能源代价的目的，实现既能让当代人过上好日子又能留下好的环境与充足的资源让后代人享用的双赢局面。健康的生态系统具有稳定性和可持续性，既能够维持它的组织结构和自治，又能够具有对胁迫的恢复力。健康的生态系统在维持复杂性的同时又能满足人类的需求。生态设计正是为解决生态和环境稳定而持续发展，同时又能满足社会供给问题而进行的设计实践。推行生态设计将取得经济发展和环境持续稳定的双赢局面。长久以来，人类一味地开发自然资源，获取利润，却未充分考虑自然生态系统的承载能力，因此造成的不良效应是无法弥补的。人类是自然界中的一部分，因此必须与自然界和谐共生，共同发展。人类不应该将自然界认定为可利用的资源，应该视其为赖以生存的基础，需要维持良性循环的生态系统。

产品设计的宗旨在于为人类创造一种更合理、和谐的生活方式，健康的生态环境正是这种生活方式的基本前提。产品的生态设计需确保生产者与供给者、消费者与环境同时得益，这也是双赢原则的基本要求。产品生态设计的目标是尽可能采用效率更高且易于再循环的材料，将能源的消耗降到最低，这样不仅可以降低企业的生产成本，为生产者带来效益，而且可以减少资源的消耗，减轻环境的负荷，实现生产者与资源供给者的双赢；此外产品的生态设计还要求应尽可能选择对人体健康和环境无害的原材料，尽可能延长产品的使用寿命，使产品易于再利用，这样的设计不仅能够满足甚至超越消费者的需求，而且也大大降低了对环境的威胁，从而使消费者与环境同时受益。因此，设计师在产品的创新过程中需要有强烈的社会责任感，而不能把商业利润的获取建立在为社会带来危害的基础之上，应该在设计中尽量避免浪费有限的、不可再生的资源，避免对环境和生态的破坏，发展重新利用废品的设计方案，并力求所设计的产品有助于引导新的生活方式，达到与生态环境的和谐共生。

（2）非物质原则

非物质一词的提出是根据历史学家汤恩比的观点，即：“人类将无生命和未加工的物质转化成工具，并给予它们以未加工的物质从未有过的功能和样式，功能和样式是非物质性的，正是通过物质，它们才被制造成非物质性的。”

后来所提出的非物质主义的概念是源于人们对全球生态危机的思考。它要求：“研究‘人与非物’的关系，在减少人均占有和消耗的基础上，从精神和人性层面上全面提高人们的生活质量。产品的非物质设计能更合理地配置物质资源，用更少的产品满足更多人的需求。在做好产品的物质形态设计的基础上，大力发展非物质设计，关注环境，关注使用者的感受，给产品注入人文、情感等非物质因素。”

非物质设计的本质是增加产品的文化因素，提高其艺术价值及精神功能。生态设计是将生态问题作为设计的基本限制条件而进行的设计活动，具体地说，是从“人—物—环境”关系的角度，研究人类物质生产和消费活动的可持续发展的一门学问。生态设计要求设计师通过设计，引导人们的物质消费观念，正确处理好物质与精神享受的关系，适度消费，以达到节约的目的。产品生态设计的非物质原则是通过设计直接或间接唤起人们的生态意识，生态文明的建设起根本作用的是全人类生态意识的觉醒和公众参与，这就要求人们与自然确立正确的道德关系。人类对自然的态度要有节约意识，利用人与自然的道德关系减少自然压力，减缓资源的消耗，为子孙存留自然资源空间。同时，人们要树立正确的人生观、价值观，自觉追求适度消费，树立人与自然正确的伦理观与道德观，最大限度地减缓对自然的掠夺，节省资源。生态设计力求为人类创造更加科学合理的生活方式，生态设计在注重资源环境永续利用的同时，也将如何使人工环境符合人的生理和心理要求作为一项重要的生态指标。例如如何减轻光污染、噪声及城市的热导效应等，提高对人的生理和心理健康的关注，即强调设计的人文因素及情感诉求。

此外，产品的生态设计不仅要注重产品的外在形式，同时也应该考虑产品的生态功能，从而使产品一方面具备生态特性，另一方面又具备人文关怀，二者应十分融洽地统一起来。现代社会人们离自然越来越远，自然元素和自然过程在人们的日常生活中渐趋淡化，因此，要让人们积极地参与生态设计、关心环境，必须重视显露其自然过程的作用。同时，具备显露自然过程的生态产品既具有鲜明的自然生态特点，又利于使用者在使用产品的同时受到自然的震撼与感动，从而获得人文关怀，进而增强人们对自然生态环境的重视与关心。

1.3 生态设计策略

产品生态设计需要设计师、环境学家和生态学家的通力合作。作为设计师， 首先应该对生态设计的理论知识进行深入的学习和理解，从而在设计中考虑产品整个生命周期中的环境性能问题， 真正促进产品生态设计的实现。具体说来， 可以从以下几个方面努力，以实现产品生态设计。

1.3.1 选择自然材料

材料是形成产品的基本要素。产品生态设计中， 产品材料的选择应尽可能地采用天然的可再生资源， 从产品的源头上尽量地避免对环境产生影响的因素， 加工过程应充分考虑到成形产品的可再次利用性， 降低本产品的原材料成本和所形成的环境垃圾。这一策略要求选择环境友好的原材料来进行生产。它包括：

①清洁的材料，即在生产、使用、焚烧和填埋过程中产生很少有害废物的材料；

②可更新的材料，即可以通过地球本身的新陈代谢而得到更新的材料，而不是诸如化石燃料、铜、锡、锌等来自矿藏的原料；

③含能量较低的材料，即在提炼和生产过程中耗能较少的原料，这要求尽量减少对铝等能源密集型金属的使用；

④可再循环的材料，即在产品使用过后可以被再次使用的材料，这类材料的使用可以减少对初级原材料的使用，节省能源和资源，如水、钢铁、铜等，但需要建立完善的回收机制。

1.3.2 生产技术的最优化

生态设计要求生产技术的实施尽可能减少环境影响，包括减少辅助材料的使用和能源的消费，尽可能少地产生废物。这要求通过清洁生产的实施来进行生产过程改进。而且不仅在本公司进行生产技术的最优化，还应要求供应商一同参与，共同改善整个供应链的环境绩效。生产技术的最优化可以通过以下方式实现。

①选择替换技术，即选择需要较少有害添加剂和辅助原料的清洁技术，如采用替换脱脂过程所需要的氟利昂技术，和选择产生较少排放物的技术，如铆接代替焊接，以及能最有效使用材料的过程，如粉末油漆代替喷涂。

②减少生产步骤，即通过技术上的改进减少不必要的生产工序，如采用不需另行表面处理的材料和可以集成多种功能的元件等。

③选择能耗小和消费清洁能源的技术，如鼓励生产部门使用包括天然气、风能、太阳能和水电等可更新的能源及采用提高设备能源效率的技术等。

④减少废物的生成，这可以通过设计上的改进而使生产过程产生的废料最少和寻找公司内部循环使用生产残留物等方法实现。

⑤生产过程的整体优化，这包括通过生产过程的改进而使废物在特定的区域形成，从而便利废物的控制和处置以及清洁工作的进行，有助于改善公司的内部管理，以建立完善的闭环生产系统，提高材料的利用效率。

1.3.3　优化产品造型和结构

产品的生态设计，在满足功能的基础上，应努力对产品造型和结构进行优化，产品造型提倡小巧和简洁，产品结构使用模块化设计方法。

模块化设计是绿色设计方法之一，将生态设计理念与模块化设计方法结合起来，可以同时满足产品的功能属性和环境属性。一方面可以缩短产品研发与制造周期， 增加产品系列， 提高产品质量，快速应对市场变化；另一方面，可以减少或消除对环境的不利影响，方便重用、升级、维修和产品废弃后的拆卸、回收和处理。模块化设计在无形中延长了产品的生命力，即便技术出现了本质性的更新，因为使用统一的连接方式和拆卸组装方法，只进行部分替换就可以实现新技术应用的平台，所以模块化设计也是积极实现产品回收再利用的有效途径之一。

1.3.4　降低产品的使用能耗

产品最终是用来使用的，应该通过生态设计的实施尽可能减少产品在使用过程中可能造成的环境影响。具体的措施包括以下几方面。

①降低产品使用过程的能源消费，如使用耗能最低的元件，设置自动关闭电源的装置，保证定时装置的稳定性，减轻需要移动产品的重量以减少为此而付出的能源消费，和确保需要加热使用产品的元件的绝缘性能等。

②使用清洁能源，这包括应设计出可以使用清洁能源的产品，如通过风能、太阳能、地热能、天然气、低硫煤、水力发电而产生的能量来驱动，和使产品可以通过可充电电

池驱动。

③减少易耗品的使用。许多产品的使用过程需消耗大量的易耗品，应该通过设计上的改进来减少这类易耗品的消耗，如在复印机上采用可长期耐久使用的磁鼓代替传统的磁鼓，再如节省洗衣粉的新型洗衣机等。

④使用清洁的易耗品，通过设计上的改进使消费清洁的易耗品成为可能，并确保这类易耗品的环境影响尽量小。

⑤减少能源和资源的浪费，应使产品设计成可鼓励用户更为有效地使用产品和减少废物，这包括通过清晰的指令说明和正确的设计避免客户对产品的误用，设计不需要使用辅助材料的产品，如数码相机代替传统相机等，和设计鼓励环境友好行为的产品，如自动默认双面复印的复印机等。

1.3.5 延长产品的生命周期

产品生命周期的延长是生态设计策略中最重要的一个内容，因为通过产品生命周期的延长，可以使用户推迟购买新产品，避免产品过早地进入处置阶段，提高产品的利用效率，减缓资源枯竭的速度，符合可持续发展原则。具体的措施包括如下几方面。

①提高产品的可靠性和耐久性。这可以通过完美的设计，高质量材料的选择和生产过程严格控制的一体化实现。

②便于修复和维护。可以通过设计和生产工艺上的改进减少维护及使维护及维修更容易实现，此外，完善的售后服务体系和对易损部件的清晰标注也是必需的。

③采用标准的模式化产品结构。应通过设计的努力使产品的标准化程度增加，在部分部件被淘汰时，可以通过即时更新而延长整个产品的生命周期，如计算机主机板的插槽设计结构使计算机的升级换代成为可能。

④采用第一流的设计。这指的是通过采用经典的设计方法使产品不至于在短期内过时而让客户失去兴趣，确保产品的外观寿命不短于其技术寿命。

⑤加强产品和用户之间的联系。这指的是应通过设计的努力使产品在较长时间内都能满足客户的需求，确保对产品的维护和保养成为企业的一种情愿而不是一种责任，以及通过产品的设计使其功能完善，并使产品增值，使客户不愿购买替代产品。

1.3.6 实施绿色的市场营销

这一战略追求的是确保产品以更有效的方式从工厂输送到零售商和用户手中，这往往与包装、运输和后勤系统有关，具体措施如下。

①采用更少的、更清洁的和可再使用的包装，以减少包装废物的生成，节约包装材料的使用和减轻运输的压力，如建立有效的包装回收机制和减少 PVC 包装物的使用以及在保证包装质量的同时尽可能减少包装物的重量和尺寸等。

②采用能源有效的运输模式。这是因为陆地运输比水上运输产生更多的空气污染，火车运输比汽车运输产生的大气污染要小，而飞机的环境影响是最大的，应尽可能避免。

③采用可更有效利用能源的后勤系统。这包括要求采购部尽可能在本地寻找供应商，以避免长途运输的环境影响，提高营销渠道的效率，尽可能同时大批量出货，以避免单件小批量运输，和采用标准运输包装，提高运输效率。

1.3.7　产品处置系统的优化

产品在被用户消费使用后，就会进入处置阶段。产品处置系统的优化策略指的是再利用有价值的产品元部件和保证正确的废物处理。这要求在设计阶段就考虑使用环境影响小的原材料以减少有害废物的排放，并设计适当的处置系统以实现安全焚烧和填埋处理。具体的措施如下。

①产品的再利用。这要求产品作为一个整体尽可能保持原有性能，并建立相应的回收和再循环系统，以发挥产品的功能或为产品找到新的用途。

②再制造和再更新。不适当的处置会浪费本具有使用价值的元器件，通过再制造和再更新可以使这些元器件继续发挥原有的功能或为其找到新的用途，这要求设计过程中注意应用标准元器件和易拆卸的连接方式。

③材料的再循环。由于投资小见效快，再循环已成为一个常用策略。设计上的改进可以增加可再循环材料的使用比例，从而减少最终进入废物处置阶段材料的数量，节省废物处置成本，并通过销售或利用可再循环材料带来经济效益。

④安全焚烧。当无法进行再利用和再循环时，可以采取安全焚烧的方法获取能量，但应通过焚烧设计上的改进减少最终进入外部环境的有害废物数量。

⑤正确的废物处理。只有在以上策略都无法应用的情况之下，才能采用这一策略，并注意处置的正确方式，应避免有害废物的渗透以威胁地下水和土壤，同时进入这一阶段的材料比率应为最低。

1.4　生态设计趋势

生态设计反映的不仅仅是人类在设计领域内对生态的关注，更重要的是体现了人类对人与自然关系愈加丰富深刻的理解，是人类可持续发展战略在设计领域的战术回应。生态设计虽然关心的是如何在设计中通过技术融合来体现生态，但它最根本的是为设计提供一种新的价值理念和思维。因此生态设计的进一步发展必将依赖人类对自然、对自身以及对人与自然关系认识的深化，并在以下方面不断发展和深入。

①进一步了解和掌握自然法则，把仿生学引入生态设计。 生态设计迫使人类去探寻新的问题。大自然生物中存在许多丰富多彩的外形、巧妙的机构、结构和系统工作原理，

值得设计师去研究和探索。生物体自然进化的每一步都显出设计的完整性，体现了美学—经济—生态—社会价值的完美统一，这为生态设计提供了丰富的设计指导和灵感源泉。仿生学是以模仿生物系统的结构、性状、原理、行为来构建技术系统，使人造技术系统具有或类似生物系统特征的学科，它是把研究生物的某种原理作为向生物索取设计灵感的重要手段。使仿生学介入生态设计，一方面体现了学科间的横向整合，另一方面也为生态设计打开思路提供了新原理和新理论。

②加强学科交叉，丰富生态设计的内容。 应不断加强生态学理论在不同领域的应用研究以及多学科的交叉研究。在很多情况下生态设计涉及多方面、多学科交叉和多种工程技术的结合，它不仅仅限于应用某一生态学研究成果，而应在众多的研究门类中，博采各种研究成果，并将各种工程技术结合在一起。其关键就是各种工程技术的接口技术，以及各个学科研究领域的研究成果和理论实践的综合运用。

③不断开发和应用先进的技术手段，实施生态设计。 生态设计同样要采用当代科技强大的技术手段，将自然系统和人工系统设计为相互融合的复合体。近几年发展得比较完善的生命周期评估、生态足迹／包袱分析、为环境的设计和清洁生产评估工具、资源与代谢分析等都为生态设计理论和实践的进一步发展提供了很好的条件。近几年国内学术界和企业界也开始关注工业生态设计，但仅处于萌芽阶段。大学和研究部门开发了一些生态设计工具、方法和资源，也将不断供业界使用。荷兰的 Delft 大学在生态设计研究方面享有很高的声誉，他们开发了生命周期分析和清洁生产等有效工具；荷兰的应用科学研究机构 TNO 也在全球范围内开展生态设计的活动；这两个研究机构正在继续开展全国范围内的示范项目，并得到了 UNEP 的支持。

④从系统的观点出发，注重宏观与微观的结合。 生态设计是一个系统工程，需要在宏观的法律、法规和政策引导下，同时关注微观的工程设计部分，通过宏观和微观结合，生态学与工程技术结合，以及生态学与建筑、园林、社会学、环境工程、工业设计等的结合，以新的思想指导和规划人类社会的发展，采取生态设计方法进行产品、建筑、城市等的设计，尽可能减少人类发展进程中对环境的负面影响。

⑤生态设计的教育和培训将不断推动生态设计的普及和发展。与生态设计理论和实践相关的培训和咨询将成为咨询企业业务的一部分。其中最著名的是丹麦设计师 Niles Peter Flint 发起的 02 组织就曾经组织了一系列的宣传、报告和案例研究，现在这个组织已成为一个成功的国际咨询机构。

第2章
生态设计案例点评

1/Baobab coatstand/猴面包树衣帽架

设计者：Xavier Lust/鲁斯特

波浪树干与花冠似的树杈组合成设计的独特外形。高性能的Ekotek环保材料的运用，让该衣架具有不易变形、易于打理且可回收利用的特点。Ekotek是一种矿石与聚酯树脂混合而成的材料。

网址：www.mdfitalia.it

生态设计关键词：可回收

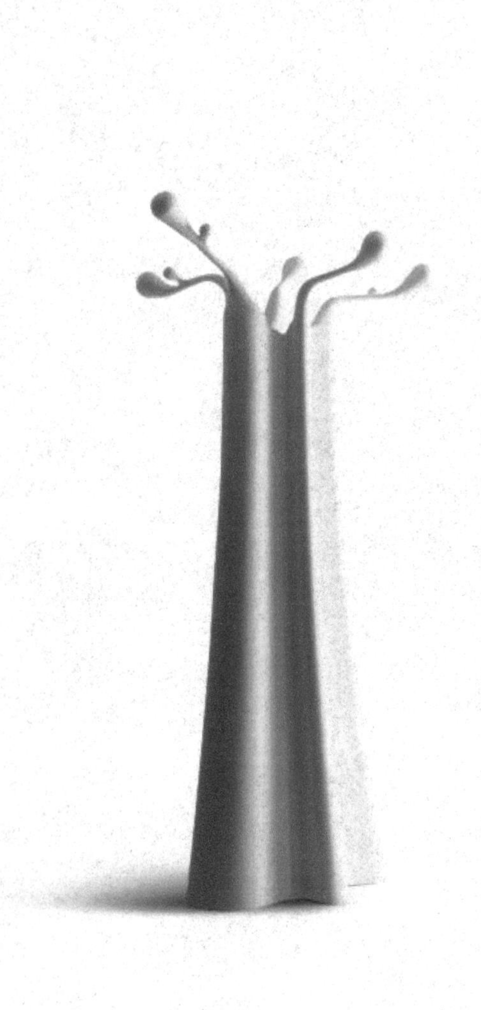

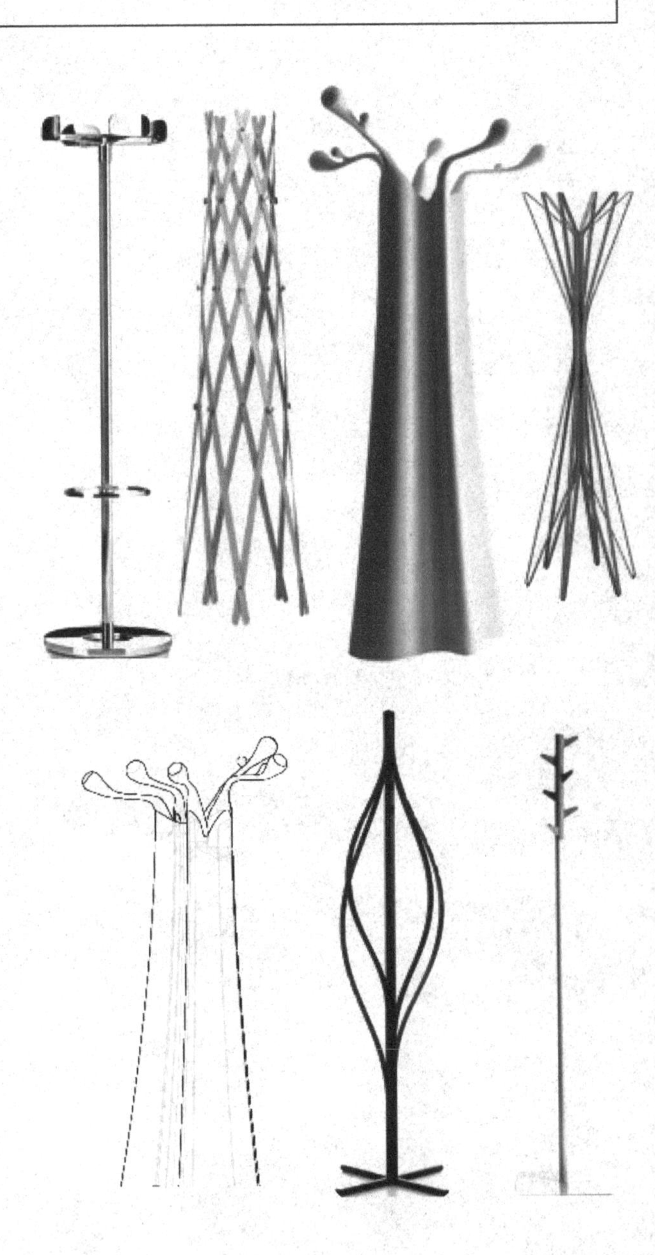

2/ Coatstand/ 衣帽架

设计者：David Sutton/ 大卫・萨顿

该设计采用蒸煮弯曲的永续性橡木，使用方正切割的木料，有助于减少剔除边料和复杂形状产生的废料。整个设计极其简约。

网址：www.mdfitalia.it

生态设计关键词：生物可分解　低能耗　低废料　妥善利用的资源

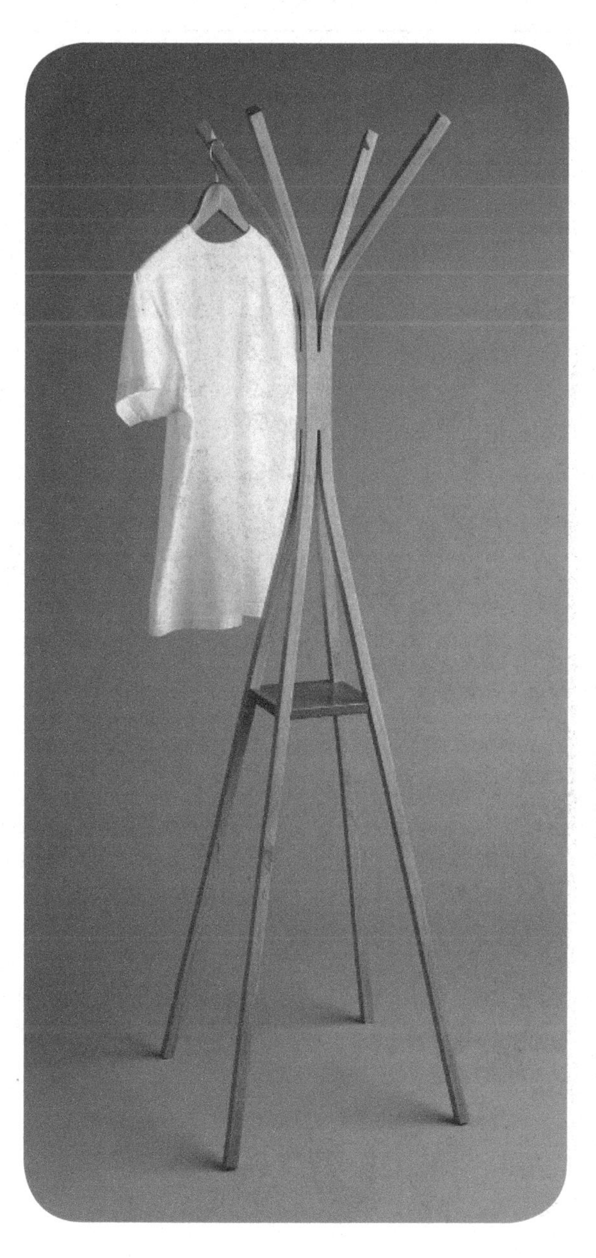

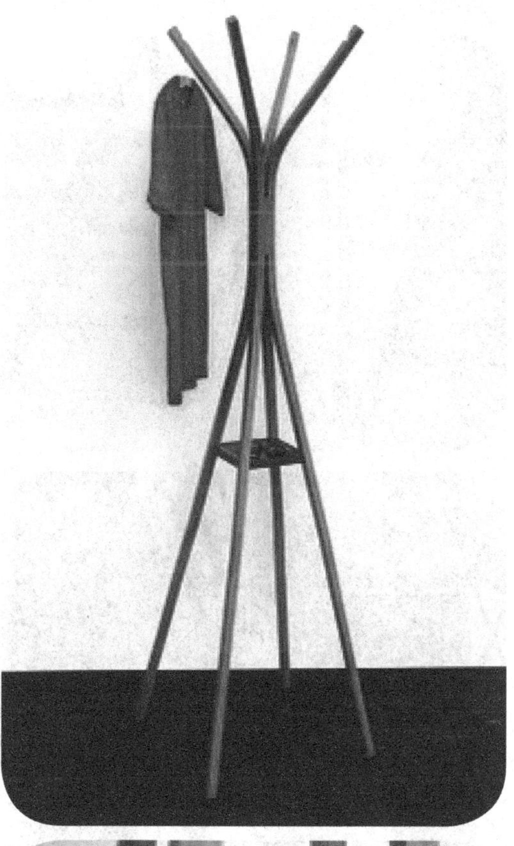

3/ Make,shift storage and transportation system/ 制造、变换和运送系统

设计者：Peter Marigold/皮特·玛丽格德

该设计采用楔形组件，能紧密地组装在墙面之间的空间，这些永续性的夹板单元可以固定在一起，作为运送货物的板条箱。

网址：www.petermarigold.com

生态设计关键词：生物可分解　低废料　妥善利用的资源

4/ Split series/ 分割系列

设计者：Peter Marigold/ 皮特·玛丽格德

该设计采用木材组合成固定角度，大小不一的木框拼接成书架、货柜。

网址：www.petermarigold.com

生态设计关键词：生物可分解　低废料　妥善利用的资源

5/ Sahuaro/生态衣架

设计者：Emiliano Godoy/埃米利亚诺·戈

这个衣架采用八个相同的配件组合起来，它的外形模仿了树和树干的形状，它有两种高度，一个可以挂所有类型的外套，另一个可以挂夹克和钱包，是墨西哥的经典设计，设计采用 FSC 认证的桦木胶合板。

网址：www.emilianogodoy.com

生态设计关键词： 生物可分解

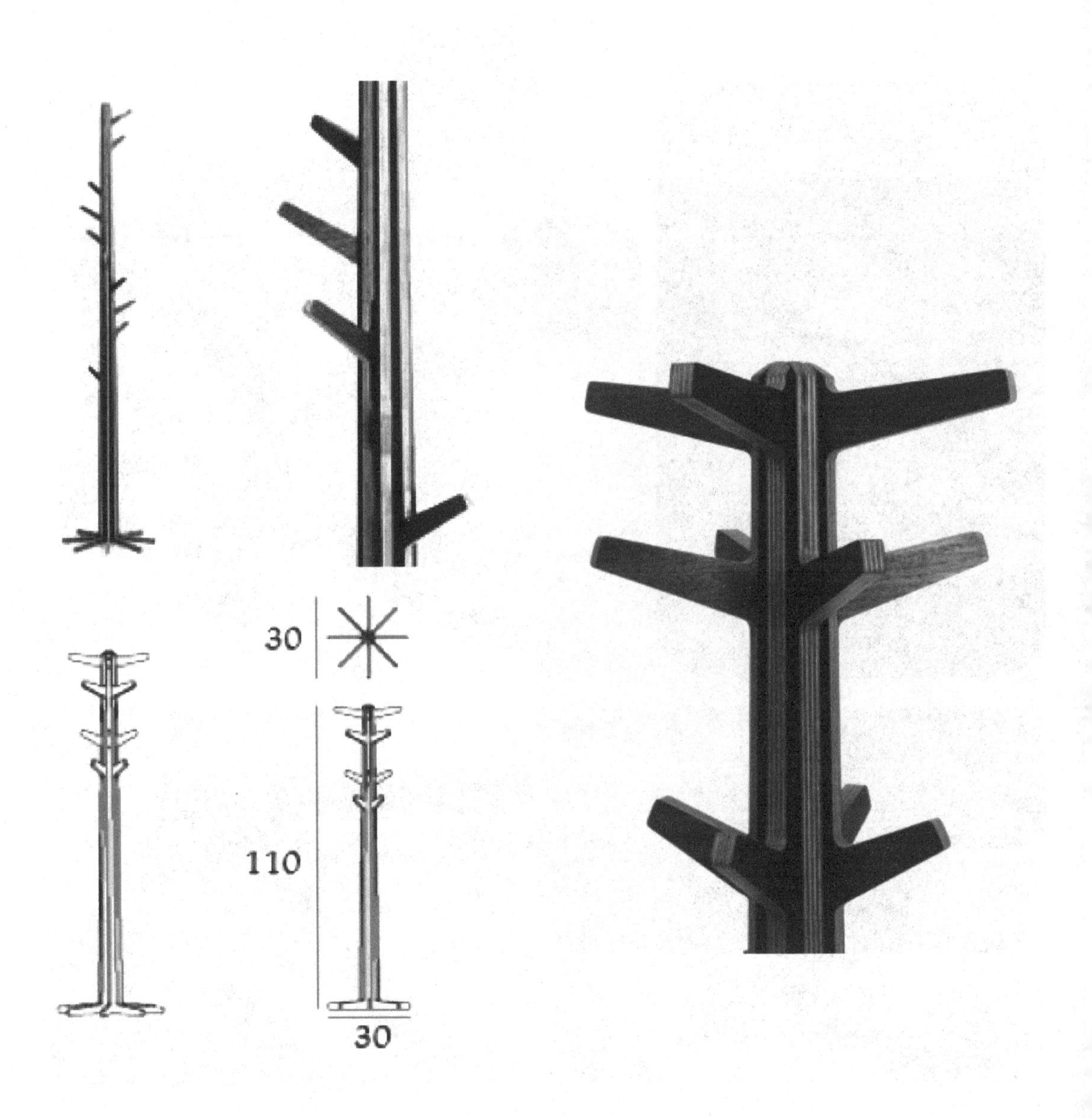

6/SAK bookshelf/SAK 书架

设计者：Emiliano Godoy/ 埃米利亚诺・戈

这个书架采用森林管理委员会认证的桦木做成，没有使用固定的黏着剂，槽接组装，整个产品生物可分解，由 12 片完全相同的桦木做成，平整包装，节省运输成本。

网址：www.godoylab.com

生态设计关键词： 生物可分解

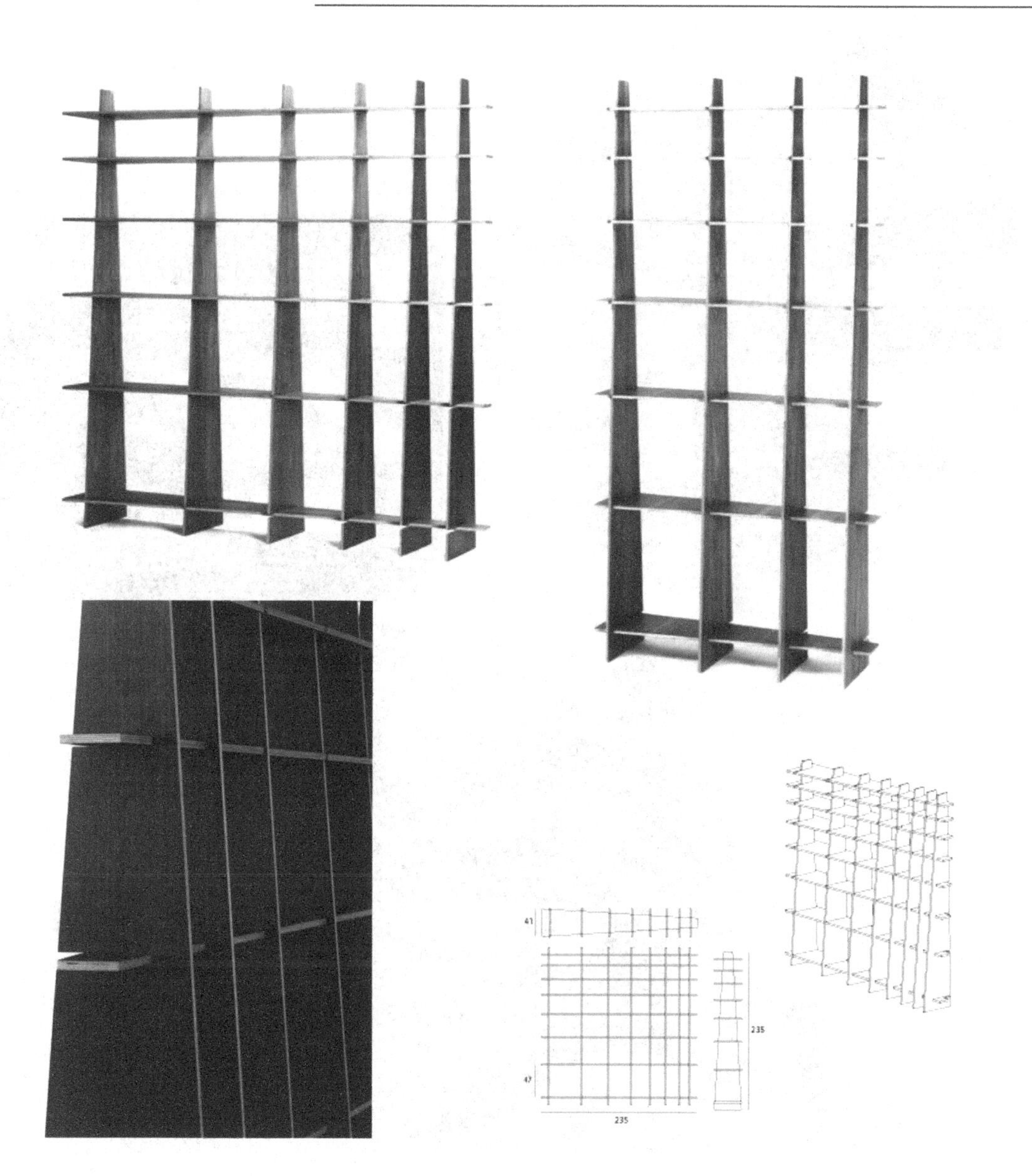

7/ Chest of drawers/ 抽屉五斗柜

设计者：Tejo Remy/ 提欧·雷米

该 Droog（楚格）式设计取自再生、回收价值的概念，把旧家具的抽屉用束带捆绑重组，每个抽屉各有特色和深藏的回忆，因此取名为“放不下你的记忆”。

网址：www.droog.com

生态设计关键词：可回收

8/ACHILLE chair/ 软垫扶手椅

设计者：Jean-Marie Massaud/ 吉恩・马利・马索

一把软垫椅子和一把小的扶手椅，给人们以简洁、简化和舒适的面料感受。金属框架内填充发泡聚氨酯橡胶与织物软垫。扶手椅有两个选择：完全织物或者镀铬腿软垫。内饰是完全可拆卸的。马尼拉的面料，覆盖了整个椅子的聚四氟乙烯防污渍处理，并且采用了迷人的色彩。

网址： www.massaud.com

生态设计关键词：低能耗　无毒素

9/ Peg chair/ 木桩椅

设计者：Tom Dixon/ 汤姆·迪克森

木材质地和精心的设计，使得 Tom Dixon 的这款椅子坐上去格外舒适，同时又能够满足叠放的要求。木材选用了上等的桦树板材，有黑、白、红三种颜色可供选择。

网址：www.tomdixon.net

生态设计关键词：生物可分解　低能耗

10/ Modular furniture/ 模块化家具

设计者：Davide Barzaghi / 大卫 · 巴尔扎吉

模块化家具是通过有趣的 3D 菱形元素来创造的一个时尚家具，通过将五边形和六边形的 3D 软泡沫模块固定在木质框架内，创造出了一只好玩和独特的石英扶手椅。模块化是为了给客户惊奇和放松的独特体验。由于椅子可拆卸，减少了运输成本。

网址：www.ctrlzak.com

生态设计关键词：低能耗

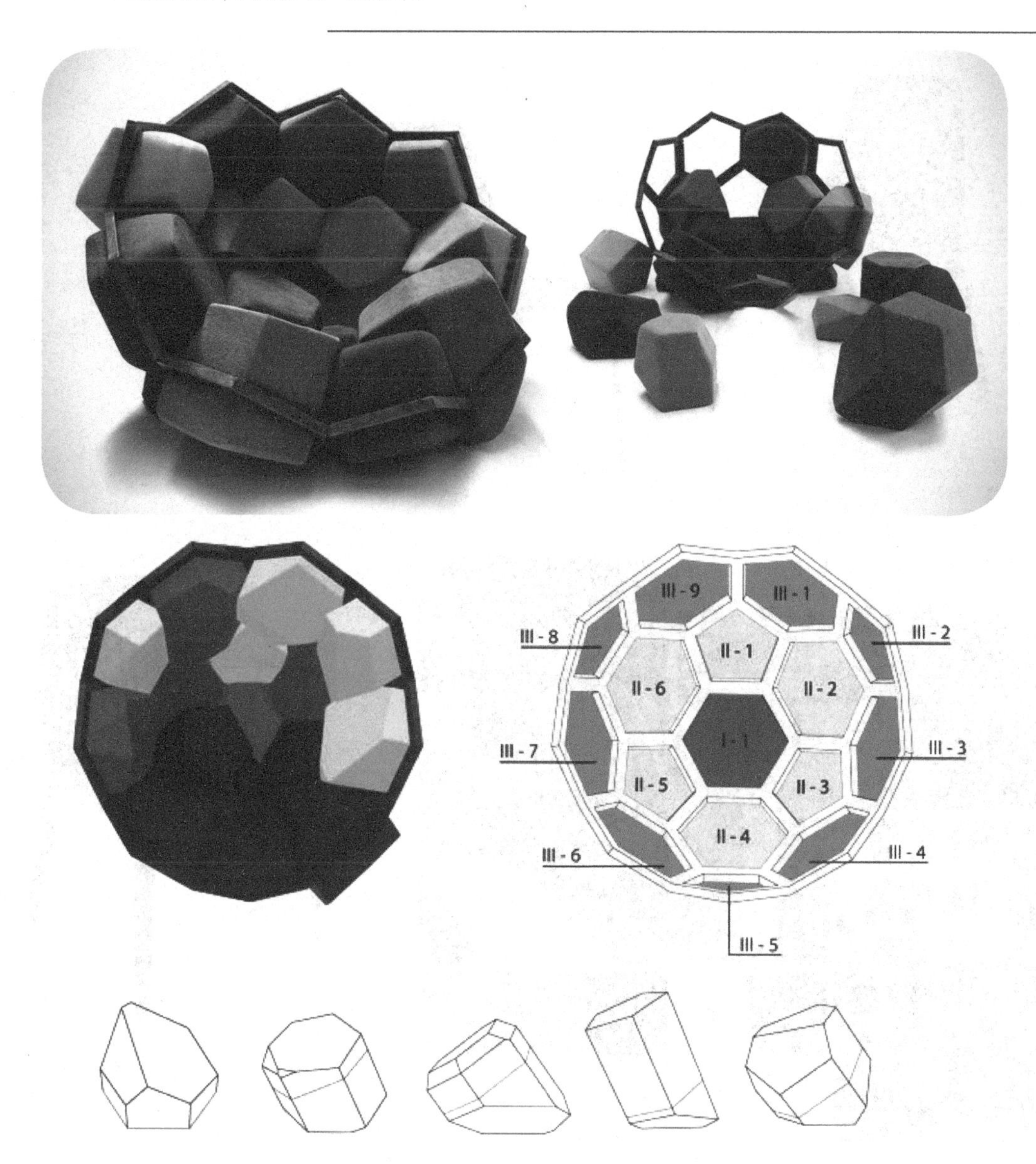

11/Pattern chair/花样椅子

设计者：Arik Levy/艾瑞克·烈威

Arik Levy为Emu设计的Pattern系列，椅背和椅座上六边形的镂空设计是其最大的亮点。椅子使用整块钢板压制而成，其材质通过冲压技术可100%的回收再利用，鲜艳的色泽和可叠放的特点使它成为了户外休闲的理想选择。

网址：www.ariklevy.fr

生态设计关键词：可回收

12/Rag chair/ 破布椅

设计者：Tejo Remy/ 提欧·雷米

设计师用旧衣物和各种破布包扎成一个破布椅，所以这样的每张 Droog（楚格）式椅子都是独一无二的，使用者可以选择回收自己不要的衣物完成这件设计。

网址：www.droog.com

生态设计关键词：可回收

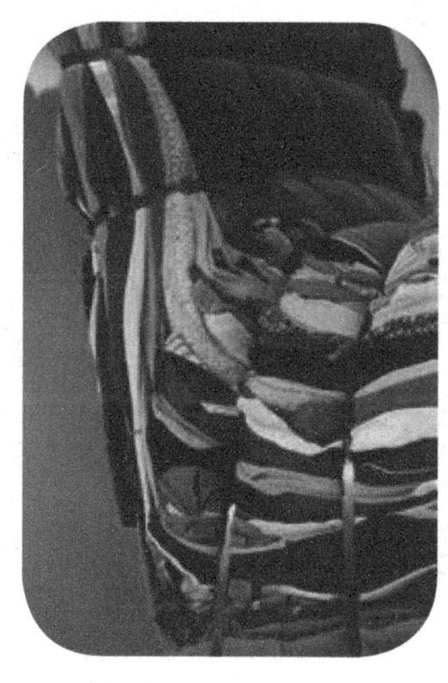

13/ Fish chair/ 生态鱼椅子

设计者：Satyendra Pakhale/ 赛特耶泽·帕克哈勒

这是一款完全采用多色塑胶材料生产的限量版椅子，设计采用旋转成形技术，座椅的内部为白色。产品的主题是保护子孙后代，意在唤起人们对环保的重新关注。

网址：www.satyendra-pakhale.com

生态设计关键词： 低能耗

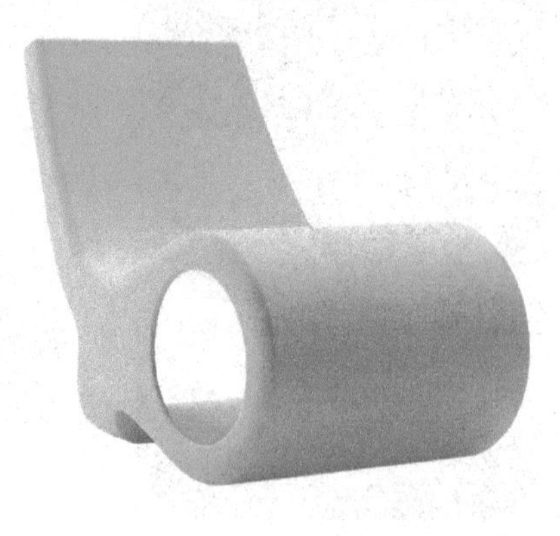

14/ Kristalia degree side table/ 学位桌

设计者：Patrick Norguet/ 帕特里克・诺尔盖

该设计采用聚丙烯耐用材质，以黑白色调营造简洁的品位生活，别开生面的软木材质运用，让这款学位桌增添一份温暖、自然、亲切的个性，桌子上盖有两种颜色，主体部分有白色和软木色可供选择，上桌盖可以打开，内部可以存放物品。

网址：www.patricknorguet.com

生态设计关键词：生物可分解　无毒素

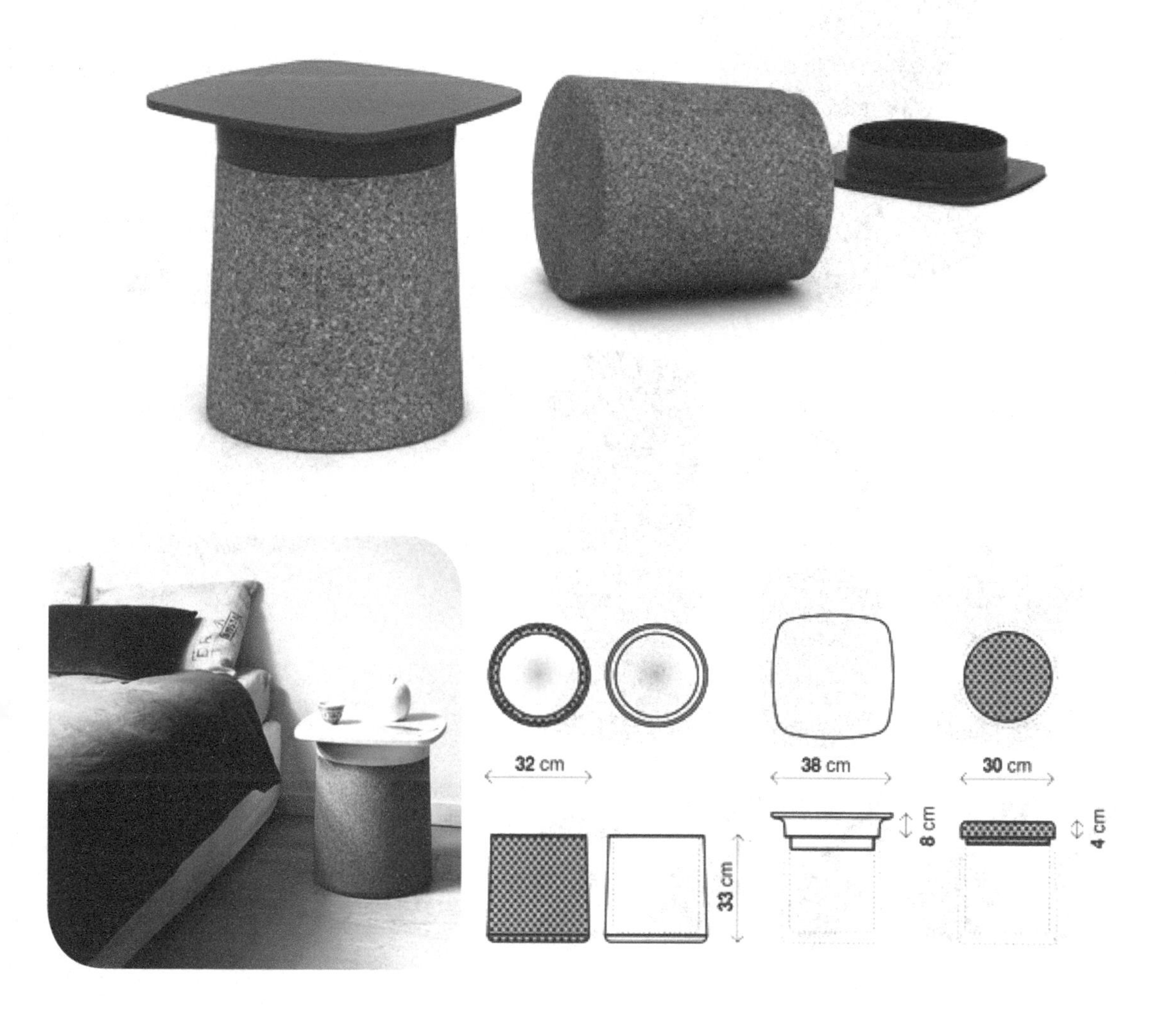

15/Kada stool/卡达凳

设计者：Yves Behar/伊夫·贝哈尔

该设计采用可回收的瓦楞纸制成，由于可以折叠，可以大大减少运输费用，展开后可以作为桌子、凳子或者收纳箱使用。

网址：www.patricknorguet.com

生态设计关键词：可回收　低能耗　生物可分解

16/ Burst chair/ 爆裂椅

设计者：Oliwer Tilbury/ 欧利文·提伯里

这款椅子的设计绝对与众不同，它对于那些老老实实只有四条腿的椅子充满了挑衅和嘲笑的意味，个性鲜明的造型完全可以让它在芸芸众椅中脱颖而出。凳腿部分采用美国梣木木料，座面采用高密度聚乙烯泡沫进行填充，表面采用布料织物，并且对于座面面料的颜色设计师也提供了很多种选择。

网址：www.olivertilbury.com

生态设计关键词：可回收　妥善利用的资源

17/Cover chair/包装凳

设计者：Branex Design/Branex 设计公司

零废弃就是你买到的一切都是有用的，包括外包装，这个 COVER 凳子就是利用包装盒子（硬纸板）来作为凳子的骨架。盒子里面有一个泡沫垫以及可回收材料做成有很好装饰性的蒙皮，打开这个结构牢固的盒子，把泡沫嵌到顶上（盖子有一个凹槽），然后蒙起来，就是一条凳子，等你需要搬家的时候，又可以把它变为包装箱。

网址：www.montis.nl

生态设计关键词：低废料　无毒素　妥善利用资源

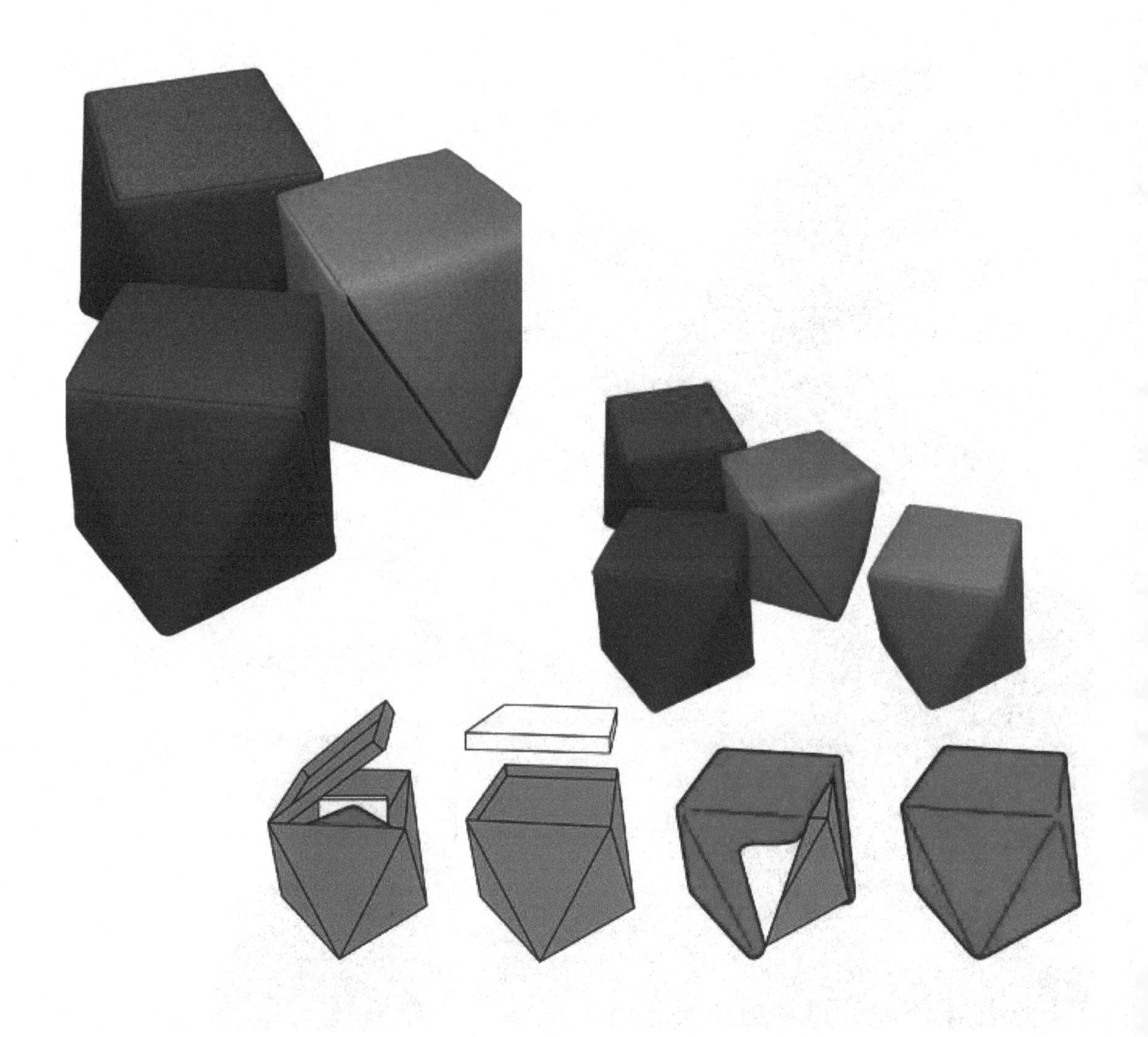

18/ Annie chair 安妮椅

设计者：Max McMurdo/ 马克斯・麦克默多

麦克默多的灵感来自被丢弃在美丽河道中的手推车，他把那些由于损坏或者有凹痕而被超市抛弃的手推车，通过将轮子进行锁定，改造成家具。

网址：www.reestore.com

生态设计关键词：可回收　低废料

19/ RD(Roughly Drawn)legs chair /RD4s 脚椅

设计者：Cohda/ 寇达

RD4s 椅子是基于一种创新的生产方法 URE(未冷却再循环挤压法)生产的椅子。它将家用塑料垃圾熔化后直接挤到模具上。这是一种实践技术，一次只能生产一个独特的椅子。因为跳过了再循环过程中的一个阶段使整个程序具有高效节能性。废弃塑料没有先被制成片状材料，而是只经过一个步骤就变成了椅子。RD4s 椅子重量虽轻，却很坚固，适合户外使用。

网址：www.cohda.com

生态设计关键词： 可回收

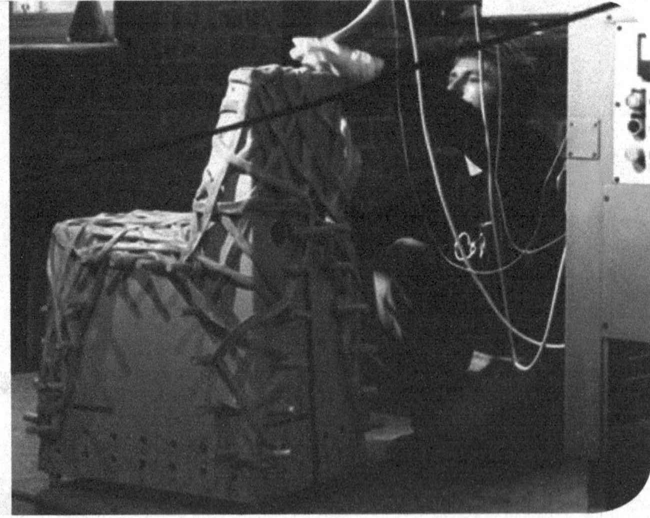

20/ Subway chair/ 地铁椅

设计者：Boris Bally/ 鲍里斯·巴利

这款铝制的椅子是采用回收纽约地铁的标志制作而成的，经过手工组装、打洞、弯折成形，赋予了地铁座椅全新的意义。

网址：www.borisbally.com

生态设计关键词：可回收　低废料　无毒素　就地取材

21/Isabella chair / 伊莎贝拉座椅

设计者：Ryan Frank/ 赖安・弗兰克

伊莎贝拉座椅采用 100% 的羊毛毡和草纸板来制作，草纸板完全用压制禾秆制成，是不含甲醛的永续性材料，草纸板很耐用，是除了石膏板之外的另一种可选择的永续性材料。这款椅子的设计来源于非洲手工雕刻的设计作品，除了解决雕塑般产品的收纳问题，也是符合人体工程学的最佳例证。

网址：www.ryanfrank.net

生态设计关键词：可回收　无毒素　妥善利用资源

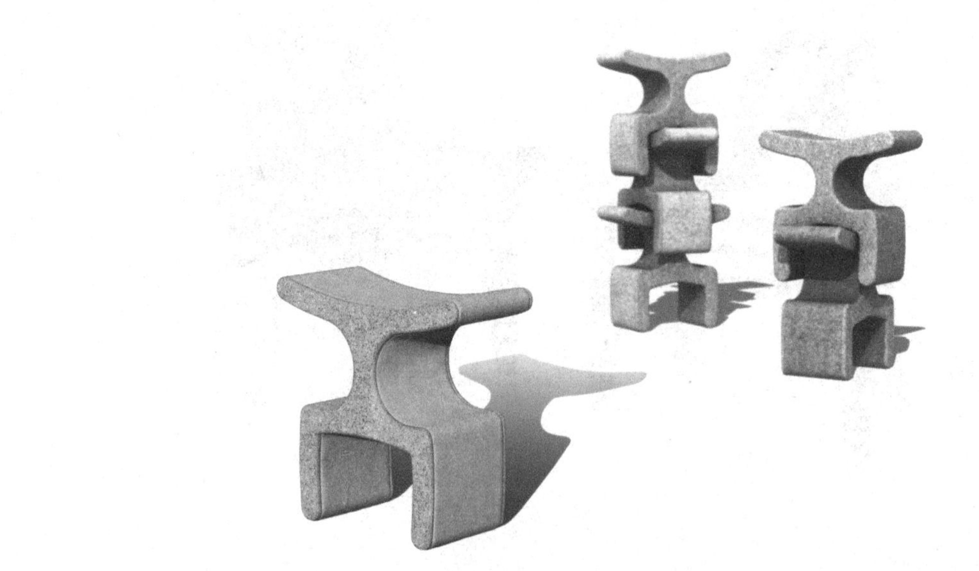

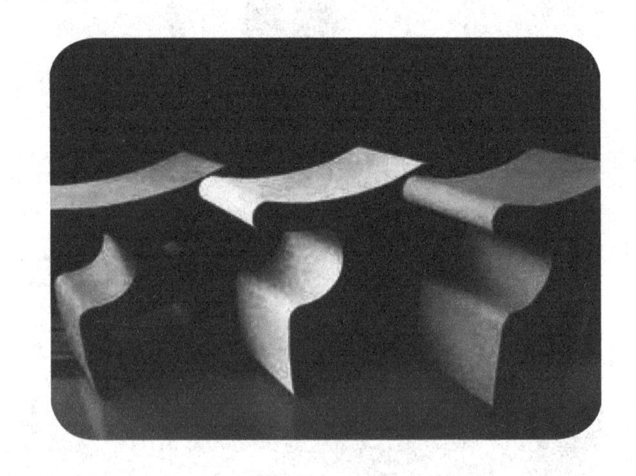

22/ Inkuku chair /鸡椅

设计者：Ryan Frank/ 赖安・弗兰克

该设计根据非洲人用日常生活中丢弃的塑料物品来制作家庭物品的传统，并且以祖鲁语 Inkuku（鸡）来命名，弗兰克希望透过这件作品来提醒我们不要过度使用塑料袋。

网址：www.ryanfrank.net

生态设计关键词：可回收　低废料

23/ Cabbage chair/ 包心菜椅

设计者：Nendo /Nendo 工作室

这张椅子是三宅一生以他著名的量产褶皱纸的残料打造的，在他策划的一场在东京举行的展览上展示，这张椅子完全没有使用钉子和螺丝，内部也没有什么精巧的结构，而是根据纸张原始制作过程中添加的树脂，一层一层剥开，就成了一张奇特的椅子。

网址：www.nendo.jp

生态设计关键词：生物可分解　低废料　可回收

24/ One cut chair/ 平板切割椅

设计者：Scoot Jarvie/ 斯科特·贾维

该设计的独特之处在于，生产过程几乎不产生废料，可以算是相当的环保和节约。只需要对单块的胶合板进行切割加工即可完成椅面，配合钢架，一把“一刀切”椅子就完工了。椅子相当舒适，独特的造型使得腰椎得以放松，非常符合人体工学。同时椅子造型也相当独特，线条流畅，极富美感，时尚简约。

网址：www.scottjarvie.co.uk

生态设计关键词：生物可分解　低废料　低能耗　妥善利用资源

25/ AP chair / “AP” 凳子

设计者：Shin Azumi/ 新·阿祖米

这款凳子使用了 mono-coque 结构，是用单独的一块胶合板制作而成。这个设计的目的在于用最少的结构满足最大的功能需求。座椅和身体在这个流动的形式中毫无缝隙地融合在一起。这款凳子与地面有很大的接触面，在减小压力同时提高稳定性。

网址：www.shinazumi.com

生态设计关键词：生物可分解　低废料　低能耗　妥善利用资源

26/ Rubber tire chair/ 轮胎座椅

设计者：Carl Menary/ 卡尔·蒙纳瑞

橡胶轮胎处置填埋场是一个在世界各地都头痛的问题。这些堆积如山的轮胎不仅是庞大的，而且非常危险有害。是否要用火来处理这些轮胎，数十年来一直激烈辩论，因为它会将有毒物质释放到大气中。这种“轮胎再生”概念是 Carl Menary 朝正确的方向迈出的一步，以帮助寻找新的方法来重新处理这些废弃的轮胎。Carl Menary 已经巧妙地将它改造成为公园、庭院和其他公共场所的户外休闲的座椅。

网址：www.igreenspot.com

生态设计关键词：可回收　低废料　妥善利用资源

27/Butterfly stool/ 蝴蝶椅

设计者：Sori Yanagi/ 柳宗理

这款著名的蝴蝶椅采用一个简单的金属轴利用力的挤压和张力连接固定两个成形的圆板，使用传统的单板切割技术，并确保每个一半的凳子造型像是另一半凳子的镜像那样完美。于是，一个简单精致，设计造型独特，并由成形胶合板和钢结构组成的蝴蝶椅就出现了。

网址：www.yanagi-support.jp

生态设计关键词：低废料

28/ SIE43 chair /SIE43 椅子

设计者：Pawel Grunert/ 保尔·格鲁纳特

这个作品是为在意大利米兰 Colombari Gallery 举行的“Eco Trans Pop”生态设计展创作的。这个座椅由许多 PET 瓶制成，外部框架是用不锈钢做成。瓶子很容易调整用以展示生态遭到破坏的迹象。这个座椅的形状就像一朵花。几百个 PET 瓶组合在一起形成了一个有机的框架。如果其中一个损坏，非常容易更换。

网址：www.grunert.art.pl

生态设计关键词：可回收　妥善利用资源

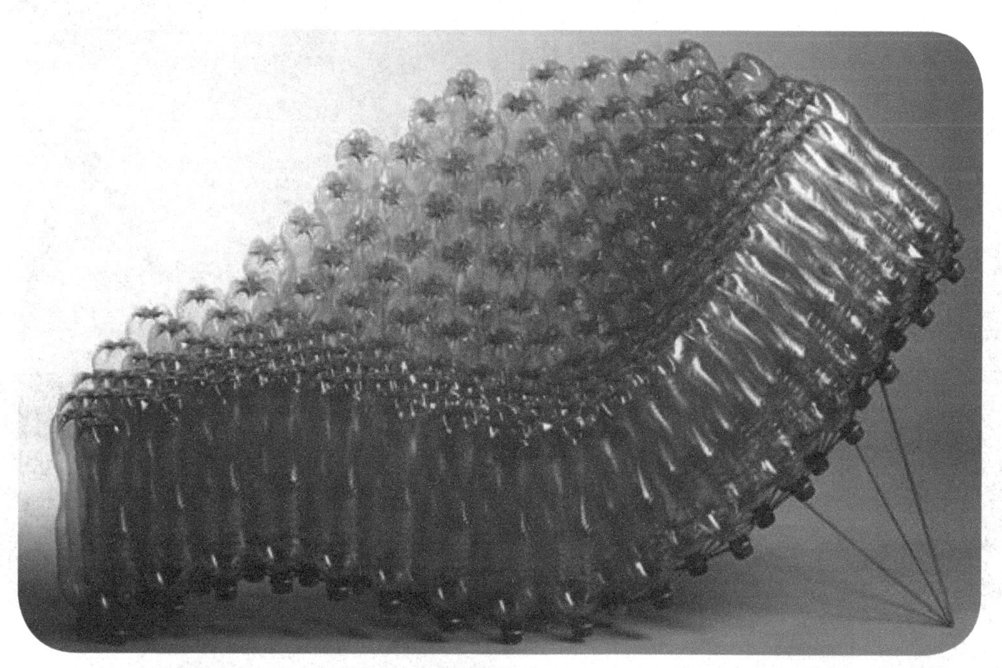

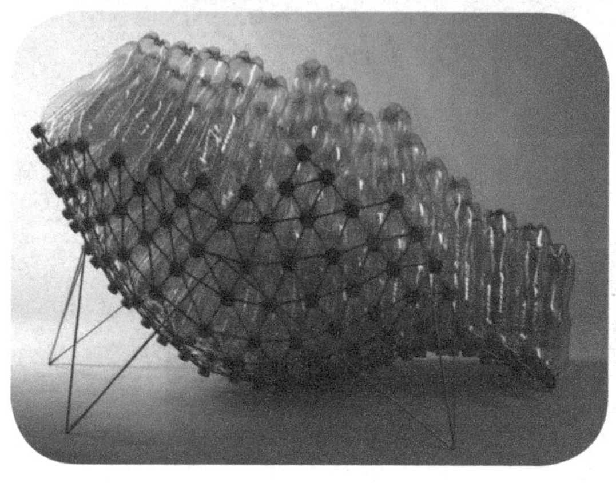

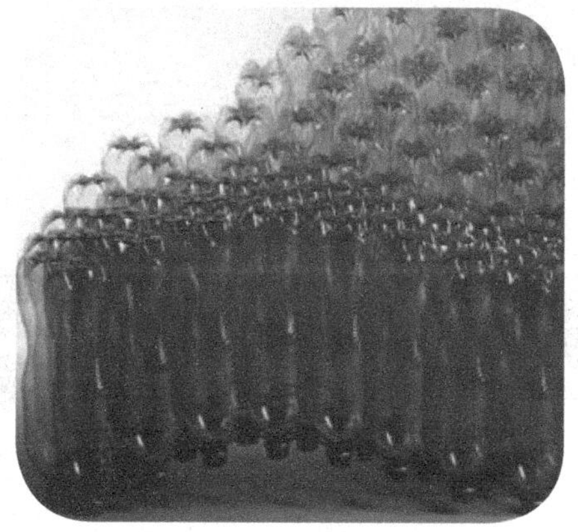

29/Victoria bicycle saddle stool/维多利亚鞍马凳

设计者：Max McMurdo/马克斯·麦克默多

以当地一个名为维多利亚的女孩命名的这款老式布鲁克斯皮革马鞍，无论是棕褐色或者黑色皮革的马鞍都是令人惊艳的，他们有自己的自行车样式生产基地，可以根据用户自己选择的油漆颜色来完成涂漆工作。

网址：www.reestore.com

生态设计关键词：低废料　可回收　妥善利用资源

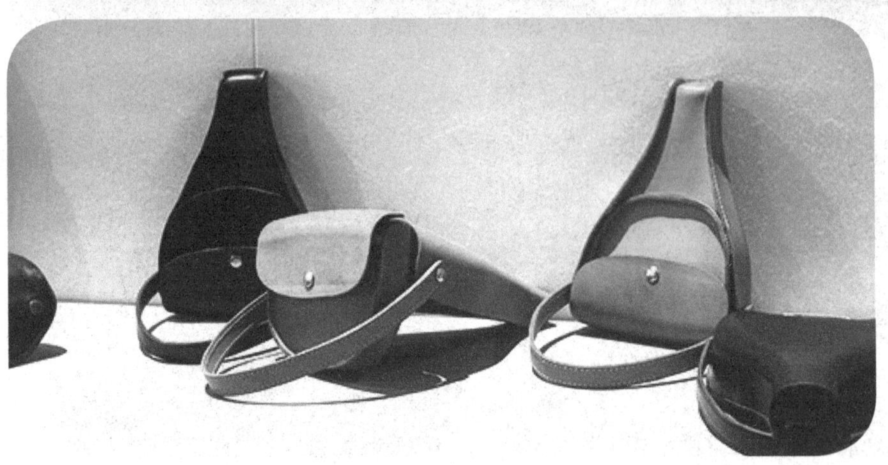

30/ Bath tub sofa/ 浴缸沙发

设计者：Max McMurdo/ 马克斯・麦克默多

设计采用原始复古的铸铁浴缸和柔软的织物，通过对边缘的仔细切割和打磨，然后喷上喜欢的油漆，就形成了一个单人或者双人沙发。

网址：www.reestore.com

生态设计关键词：低废料　可回收　妥善利用资源

31/Zipzi table/吉普吉桌

设计者：Michael Young/迈克尔·杨

杨为Established & Sons设计的这款桌子，用一个回收纸做成的圆锥形底座来支撑玻璃桌面。

网址：www.establishedandsons.com

生态设计关键词：可回收　循环利用

32/ Drunk table/ 醉酒桌

设计者：Andrew Oliver/ 安德鲁・奥利弗

这是一张用废弃家具和二手家具制作的桌子。像六角手风琴一样的木头表面，看起来犹如一张褶皱的纸张或卡片。桌腿弯曲的地方显得柔弱无力，以传统的木头成品锯开后再重新结合而成，一路歪歪扭扭地直抵地面。

网址：www.andrewoliverdesignsandmakes.co.uk

生态设计关键词：循环利用

33/Flytiptable/非法倾倒桌

设计者：Alexena Cayless/哈里克里亚·凯丽丝

凯丽丝从废料车中抢救出被倾倒丢弃的家具，赋予这个“非法倾倒”系列产品新的生机。清理干净并重新上漆后，它就像新的一样，可以再次使用。

网址：www.farmdesigns.co.uk

生态设计关键词：就地取材　低废料　循环利用

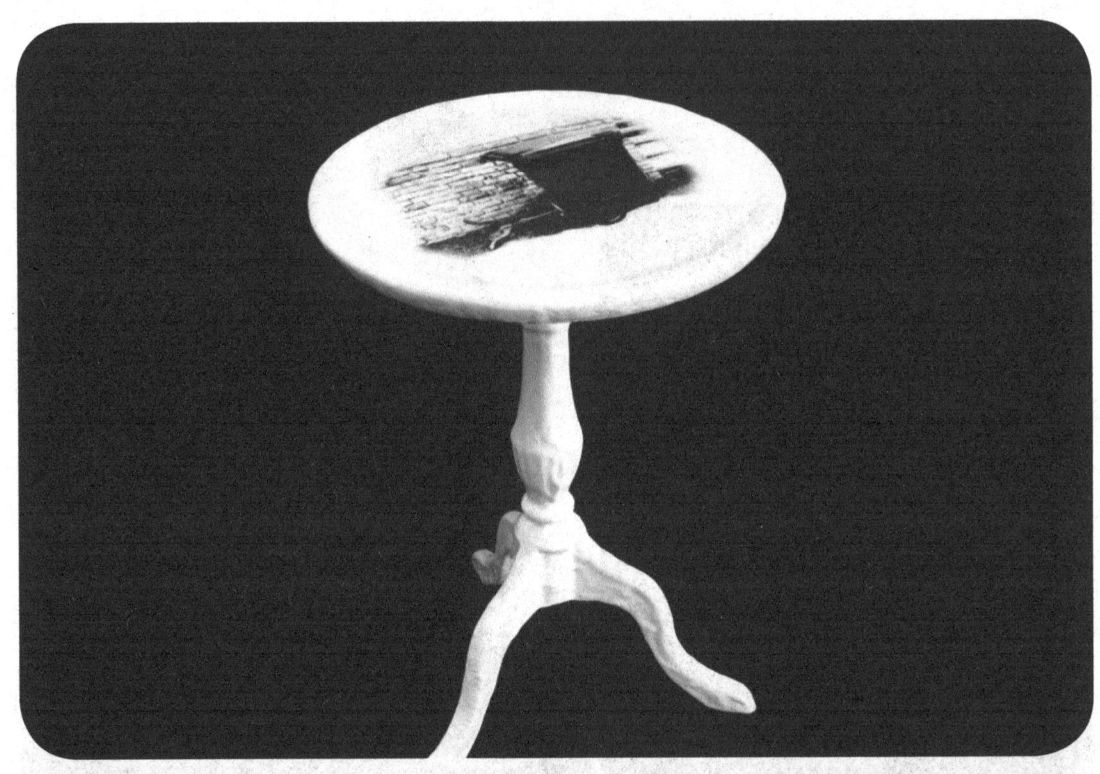

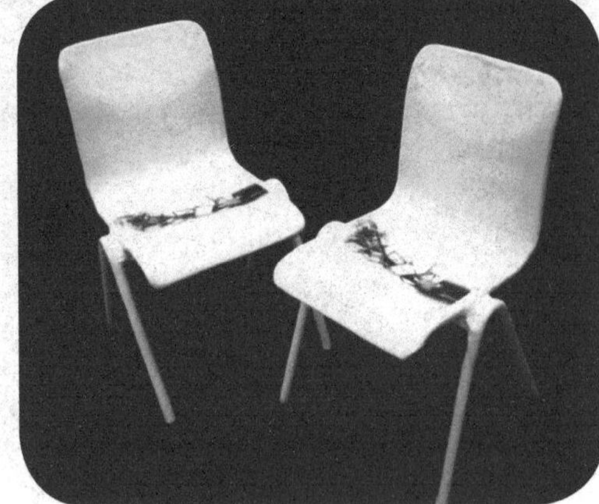

34/ Flip table/ 翻转桌

设计者：Flip Furniture/ 翻转家具公司

这张节省空间的多功能咖啡桌，以可持续性的木料资源做成，只要将底座移开，并展开折叠其下的桌腿，就变成一张餐桌。

网址：www.flipfurniture.com

生态设计关键词：可降解　妥善利用资源

35/ Brancusi table/ 布朗库西桌

设计者：Enrico Tonucci/ 恩里科·托努西

这张桌子的裂缝、钉痕和树瘤，是对现代家具的完美与贫乏的一种反动。底座以两百年树龄的实心橡木屋梁精心制作，洋洋得意地展现出一种生机盎然的材料才有的特性和历史。

网址：www.triangolo.com

生态设计关键词：就地取材　无毒素　可回收

36/Living object profiled/生命体桌

设计者：Philip Henderson/菲利普·汉德森

这件产品以 100% 的回收纸手工制成，并涂上一种植物性密封胶。这款家具没有特定的用途，可作为桌子或者凳子。

网址：www.philiphendersonstudio.co.uk

生态设计关键词：可降解　无毒性　可回收

37/Sidetable-C/边桌C

设计者：Miller · Dovetusai/米勒 · 多佛杜塞

这张桌子是设计师米勒对古典家具设计与友善环境的思考，这张桌子以回收的或永久性硬纸板资源制成。

网址：www.gilesmiller.com

生态设计关键词：可降解　可回收　妥善利用资源

38/ One day paper waste table/ 一天废纸桌

设计者：Jens Praet/ 延斯·普瑞特

这是一张用废纸制成的桌子，普瑞特承认，在回收一间办公室一天的废纸这项积极行为，与以有毒树脂把他们胶固成一张桌子之间，形成道德的两难，无论如何，它的确了引发关于生态问题的讨论与争辩。

网址：www.droog.com

生态设计关键词：就地取材　可回收

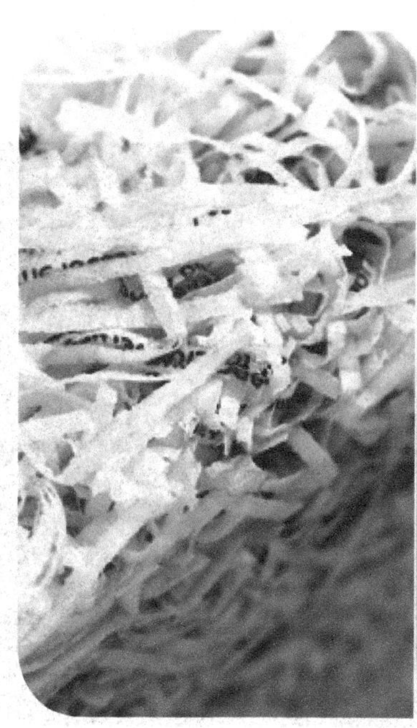

39/Precious famine table/十足饥饿桌

设计者：Toni Grillo/托尼·葛瑞罗

这张桌子是回收巴黎昆庭银器的餐具做成，它看起来坐上去会十分不舒服，所以实用性比较有限。

网址：www.christofle.com

生态设计关键词：可回收

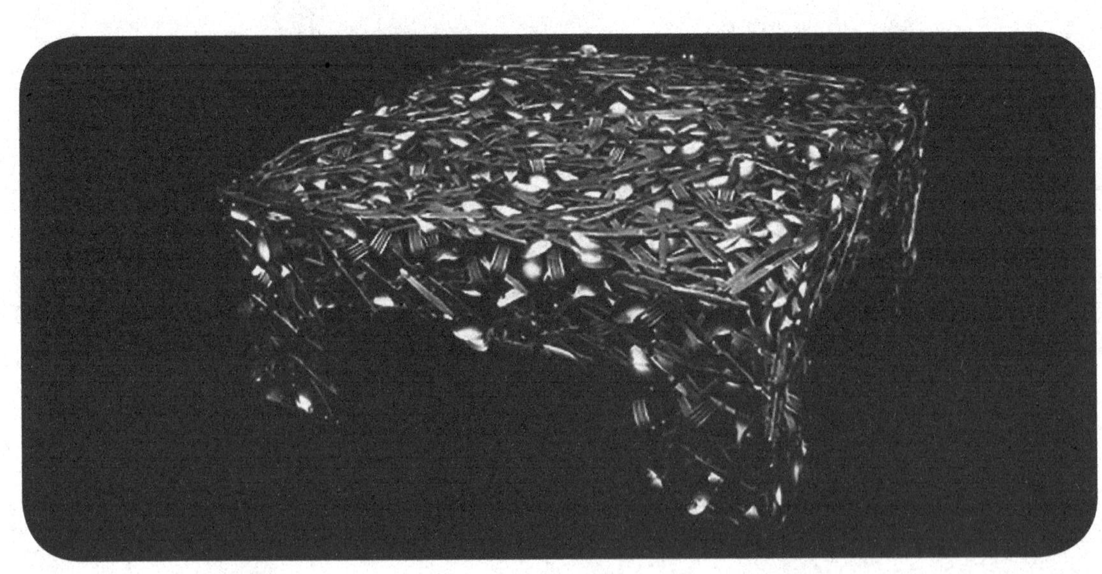

40/Nucleo’s petroglyph furniture/ 岩石雕刻家具

设计者：Piergiorgio Robino/ 皮埃尔乔治・罗比尼奥

岩石雕刻系列家具包括一张桌子和一把椅子，是一件跨越边界的生态设计。它通过一片一片不同长度的胶合板组合而成，边缘看起来十分时尚，整个外形给人非常坚固的感觉。在纽约的 PAD（艺术和设计的展馆）首次陈列。这件岩石家具是生态理念和艺术美学的最佳组合。

网址： www.krop.com/nucleo

生态设计关键词：低废料　可回收　妥善利用资源

41/Vintage trunk table/古董箱子桌

设计者：Kirstie/克瑞斯特

在Reestore有一件复古的行李箱，它的材料和工艺都足以看出它的古老，经过钢化和抛光的10毫米的玻璃被放在这个复古的行李箱上面。

网址：www.reestore.com

生态设计关键词：低废料　可回收　妥善利用资源

42/ Silvana wash drum coffee table/ 塞尔维娜 洗衣机内胆桌子

设计者：Kirstie/ 克瑞斯特

这张桌子通过将一个节能灯泡放在一个不锈钢的洗衣机内胆中来营造一个斑驳微光的环境，再加上定制化的钢化和磨砂玻璃，您会非常喜欢将咖啡杯放在上面。

网址：www.reestore.com

生态设计关键词：低废料　可回收　妥善利用资源

43/ Everhot cookers - the electric range cooker/ 恒热炊具——电炉炊具

设计公司：Everhot / 恒热公司

这个令人惊奇的设备，具有一种让东西加热到沸腾的最有效的方式，热量直接转移到要被加热的食物上，几乎没有任何热量被浪费。超过 90% 的热量被传递到被加热的物体上，相对于其他加热装置的 60% 利用率具有绝对的优势，这种厨具应用在世界很多顶级的餐馆中。除了有节能的设计和低电力要求，这个电炉还有生态控制功能，以低热量持续供热。

网址：www.everhot.co.uk

生态设计关键词：低耗能　安善利用资源

44/ Heat storage cook/ 蓄热炉具

设计公司：Aga / 雅家

自第一台雅家炉具上市至今已经超过 80 年，而每一台炉具的 70% 是采用使用过的材料制成的，如排水管、齿轮箱、灯柱等，它们回收由于使用时间长而废弃的炉具，制成新品，由此完成整个循环。此外，这个公司正在开发使用生态燃料的炉具。

网址：www.aga-raybum.co.uk

生态设计关键词：可循环使用

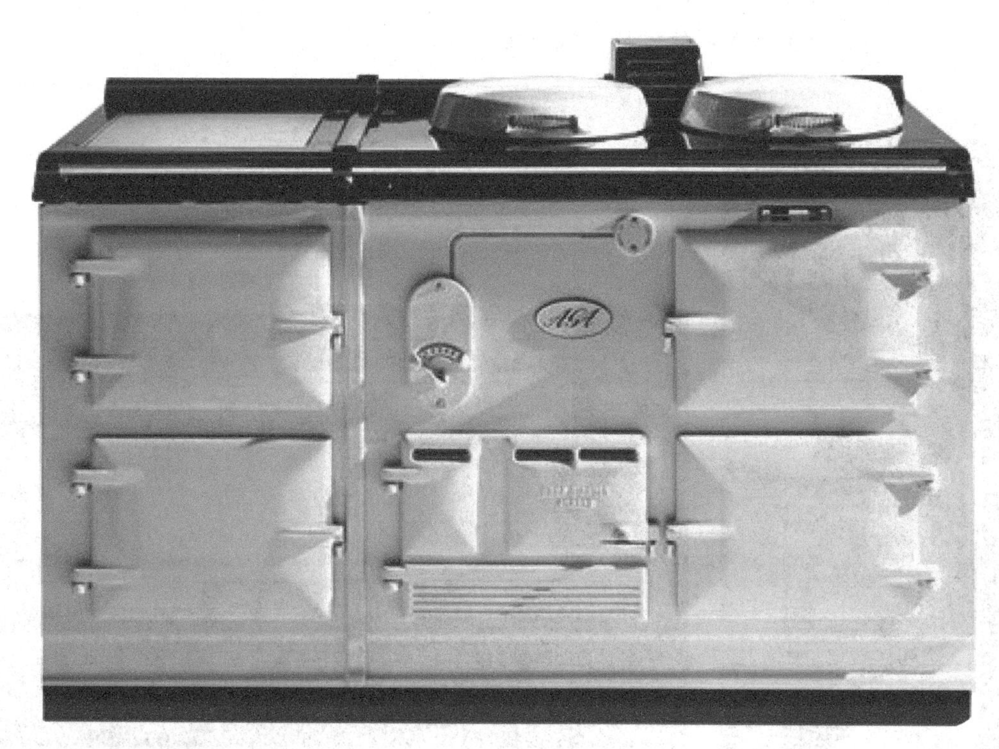

45/ Green kitchen/ 绿色厨房

设计公司：Whirlpool / 惠而浦公司

在食物消耗越来越大的同时，地球生态环境也在不断恶化。根据惠而浦的研究，我们在煮饭的时候，许多能量会被白白浪费掉，如果把这些能量收集起来就能做许多有意义的事情。根据这项研究，惠而浦提出了绿色厨房概念。在绿色厨房中冰箱压缩机和炉灶产生的废热将会被收集用于提供热水，而冰箱和冷库会采用一套制冷系统。在进行这些改进后，绿色厨房的能源利用率达到了70%。

网址：www.whirlpool.co.uk

生态设计关键词：低废料　低能耗

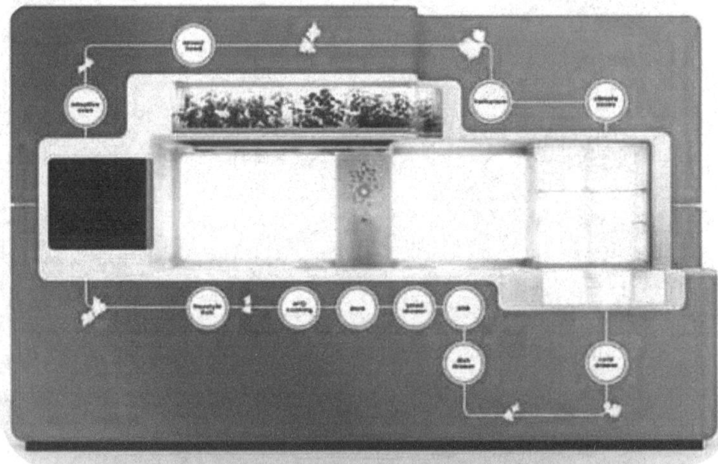

46/ Pay it back kitchen island/ 回馈中岛式厨房

设计公司：Alexandra sten Jorgensen/ 约根森

这是一个展示消费如何和自然结合起来的案例，它包括一个洗涤槽、桌子和堆肥区，当那个绿色盒子装满时，堆肥随着洗涤槽流出的废水，灌溉旁边的攀援植物。

网址：www.annealexandra.com

生态设计关键词：可回收

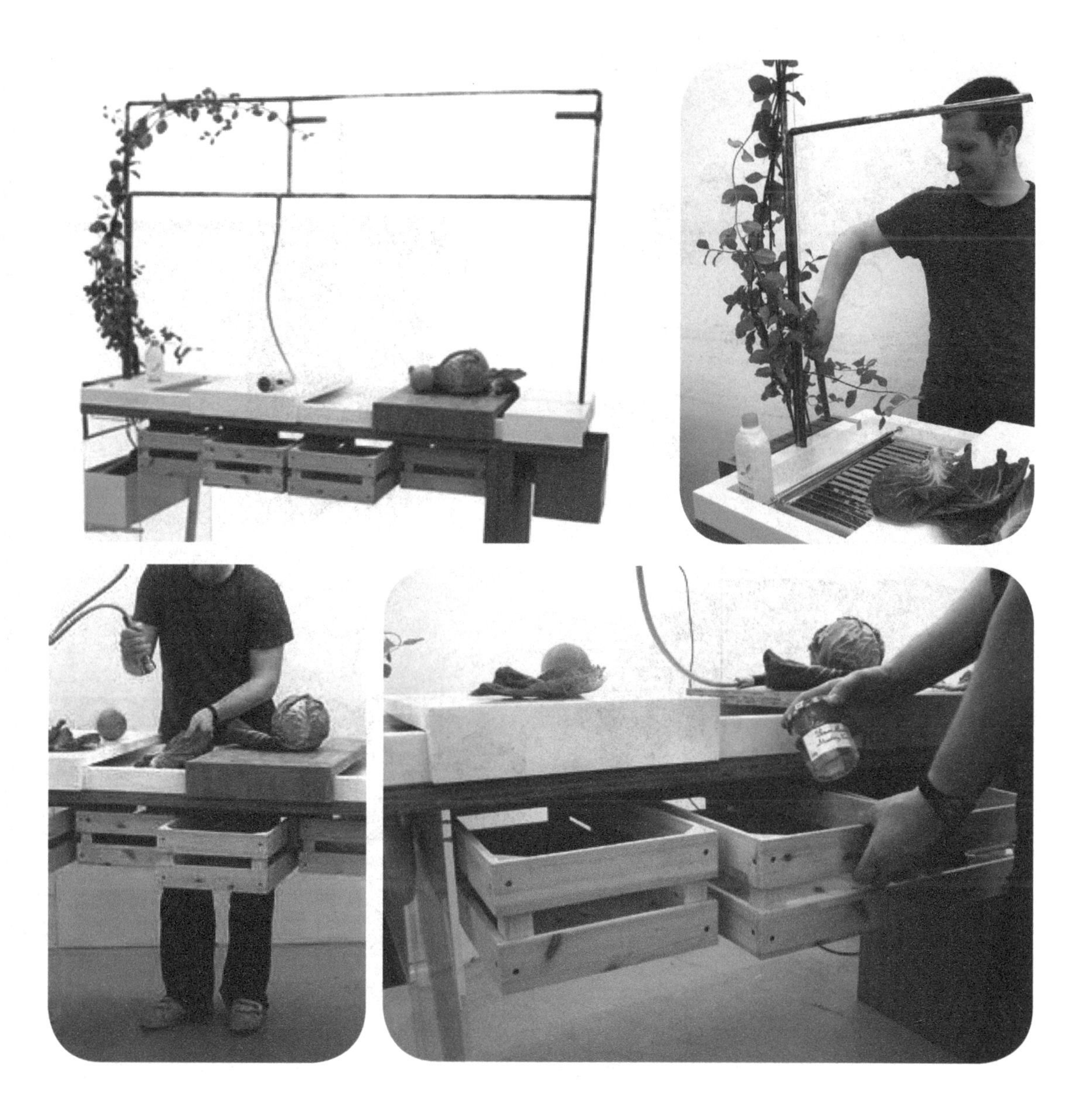

47／Ekokook/ 生态厨房

设计公司：Faltazi 公司

厨房烹调时会产生大量的垃圾，形成很大的浪费。是的，有 85% 或 90% 的垃圾是在厨房中产生的。 Faltazi 公司的 Ekokook 概念厨房就是为了解决这一问题而设计的，其产生的废物接近于零。固体废物，比如玻璃，使用手动激活的钢球将其填埋在地下，还有一个手工碎纸机将废物切割成小块。用过的水被存储起来，过滤后被用于浇花。抽屉里还有一个环保型的垃圾捣碎机。

网址：www.faltazi.com

生态设计关键词：可回收

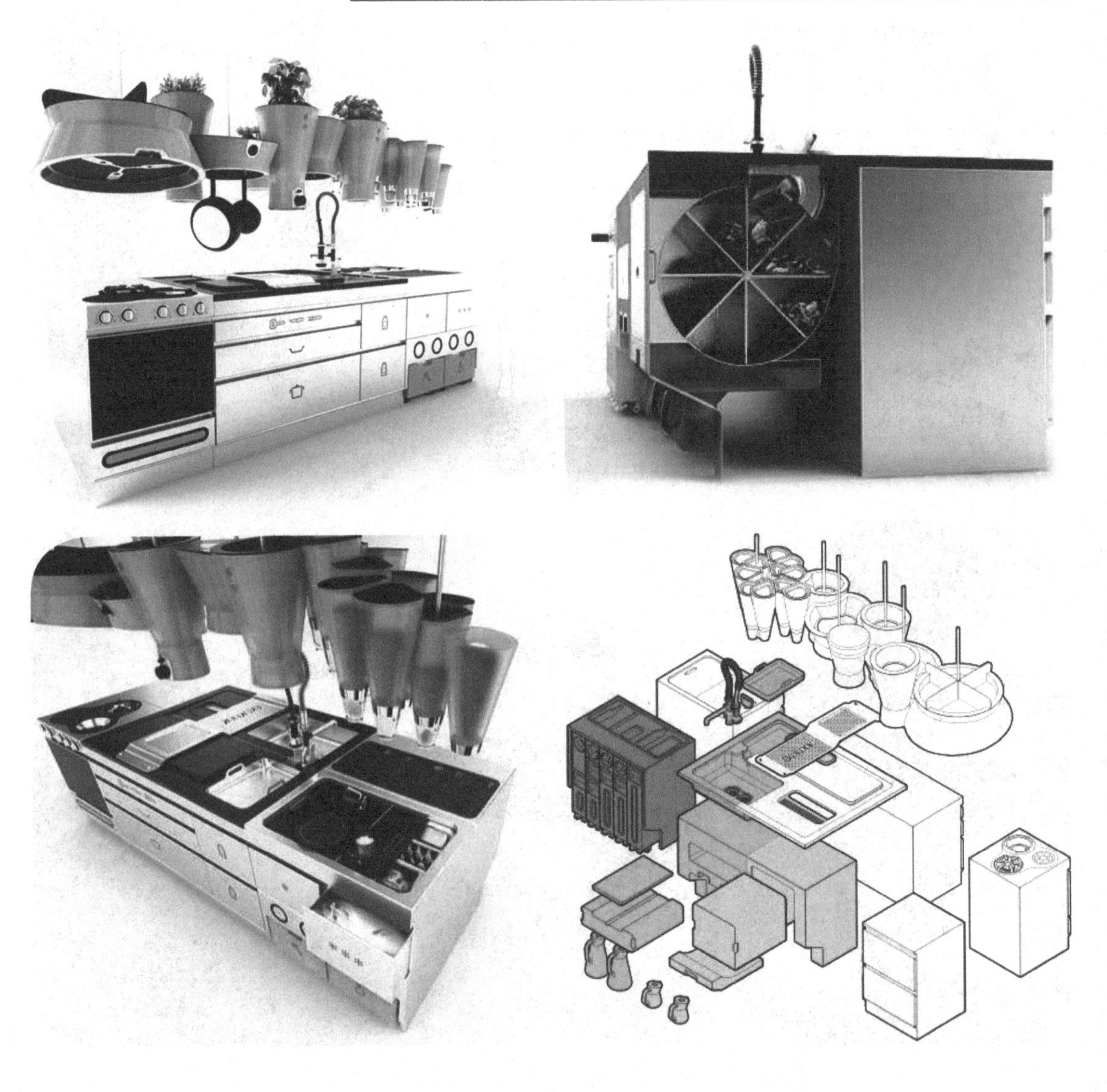

48/ Flow2 kitchen/ 流动厨房

设计公司：Studio Gorm 公司

Flow2 kitchen 将洗盘子的废水引给植物做浇灌；内置的食物残渣回收盒能帮助分解 40% 的家庭垃圾，也设置了蚯蚓堆制处理器，以便在两周的时间内将食物分解成营养丰富的肥料。

网址：www.studiogorm.com

生态设计关键词：可回收

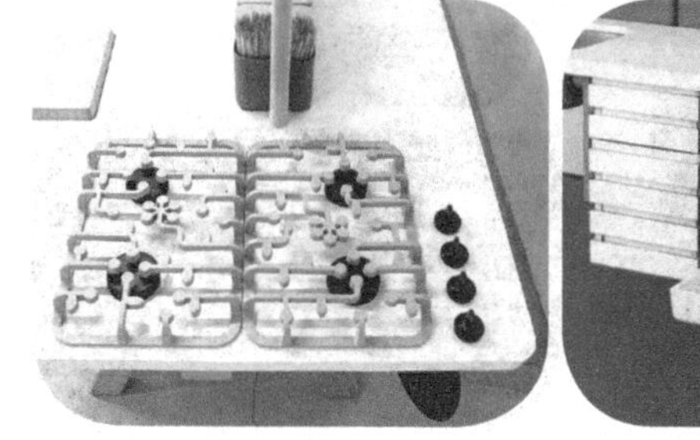

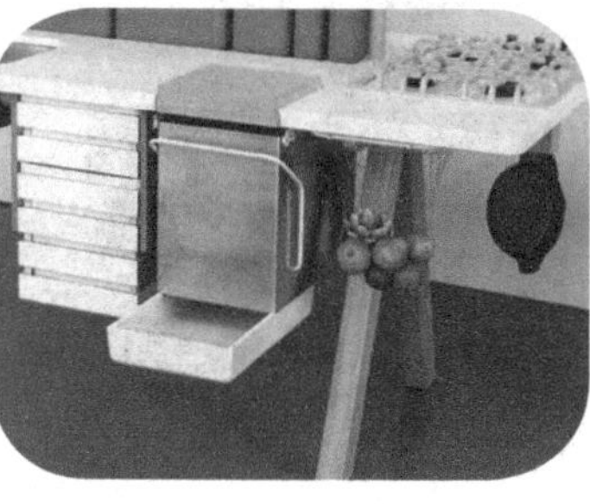

49/Local river/家用食品生产系统

设计公司：Artist space 公司

法国设计师Mathieu Lehanneur 设计了名为Local river的概念产品，使得人们在家里种植蔬菜和养鱼可以同时进行。蔬菜生长在浮动壶里，将有助于去除水里的硝酸盐及其他矿物质，成为水保持清洁的过滤器。它的概念是Artist space 公司受到美国加利福尼亚开始兴起的本地食客运动的启发，这一运动号召人们只吃当地生产的、因而更新鲜的食物。

网址：www.mathieulehanneur.com

生态设计关键词：低能耗　妥善利用资源

50/ Functional kitchen/ 功能厨房

设计者：Jan Dijkstra/ 简·迪杰斯特拉

这是只用一种塑料涂层的金属线制成的模块化厨房，这种厨房将各种单独的功能集成在一个无任何审美诉求的极简主义的结构中，它包括四个部件，可以根据空间和需要自由布置。极少要素是最基本的概念，材料的限制使用和极致的功能性将这一概念表现出来，通过对所有材料的特别保护，这款厨房弥补了其在清洁方面所缺少的实用性。

网址：www.janjannes.com

生态设计关键词：生物可分解　低能耗　低废料　妥善利用资源

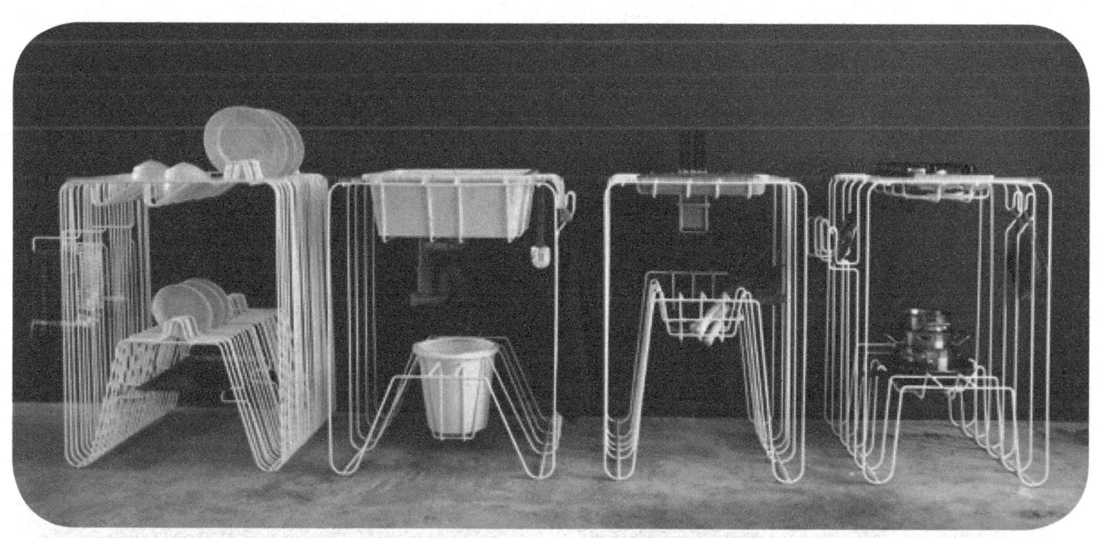

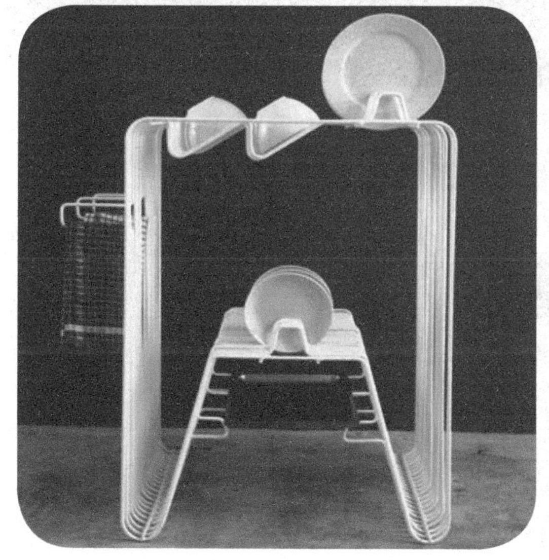

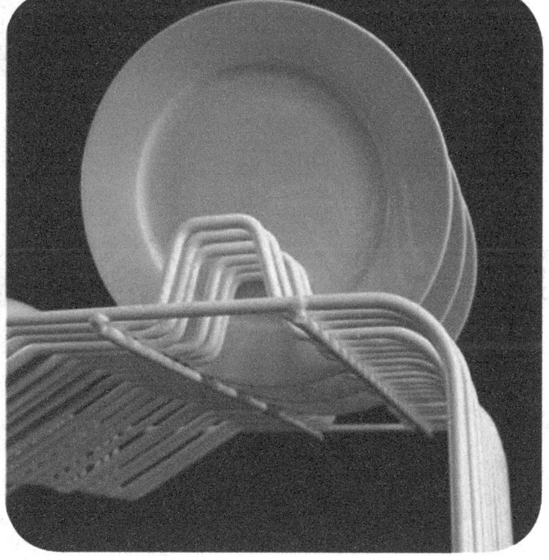

51/ Biologic/ 植物洗衣机

设计公司：Whirlpool/ 惠而浦公司

这是一个利用植物的净化功能设计的洗衣机，水生植物能够过滤水中洗涤剂洗下来的脏东西，减少污染。它分成六个系统，人们可以根据洗衣类型进行区分，几个系统可以同时工作。它的设计来源于人们对产品、环境和作业时间之间的探索。这是人们对环境可持续性的关注。

网址：www.mathieulehanneur.com

生态设计关键词：低能耗　妥善利用资源

52/ Ecological water bottle/ 生态水壶

设计者：SONY/ 索尼公司

使用传统的水壶烧水时，我们很难发现烧了多少水。因此，通常的结果就是我们所烧的水是我们需要的两倍。生态水壶的出现使测量变得直接，而且还能节约资源。该水壶内部蓄水池可以装满要用的水，而测量按钮则可以将任何数量的水—— 一杯至八杯——转入到一个单独的烧水隔间。

网址：www.ecoutlet.co.uk

生态设计关键词：低能耗

53/Wind fan/风扇

设计者：Jasper Startup/贾斯柏·史达厄普

这是一款用藤条编制、外形复古的风扇，是由英国设计师Jasper Startup为意大利品牌Gervasoni设计，放在家里绝对是一件装饰品，环保的品质也尽显无疑。

网址：www.jorrevanast.com

生态设计关键词：可回收　低废料

54/ SAPA TV/ 沙巴电视机

设计者：Philip Starck/ 菲利普·斯塔克

沙巴电视机是用高密度木材纤维板，采用成型压膜技术制成的，其外壳可再回收利用。同时也为家用电器创造了一种“绿色”的新视觉。

网址：www.starck.com

生态设计关键词：可回收

55/Mast humidifier/加湿器

设计者：Shin Okada/冈田信

原生态加湿器是一个极简设计，是由日本设计师冈田信设计的。船帆在风中像帆船桅杆，底盒装有水，木叶会吸收水分自然蒸发，并给人以清新的桧木香味。水分扩散速度是水在碗里的十倍，设计具有抗菌性和耐腐蚀性。

网址：www.starck.com

生态设计关键词：低能耗

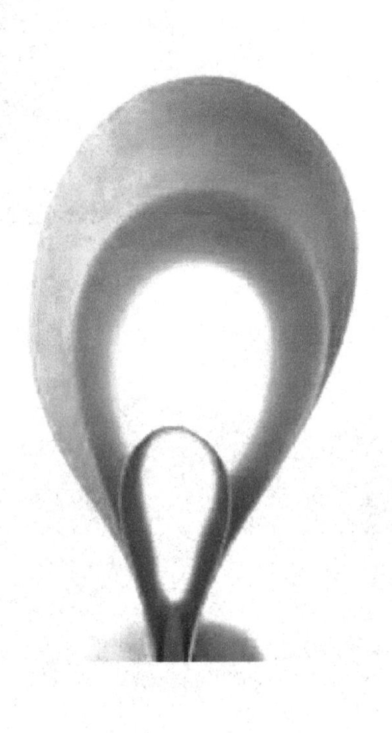

56/OLTU/ 概念冰箱

设计者：Fabio Molinas/ 法维奥·莫利纳

Fabio Molinas 设想了一个新的冷藏储存概念，能够将保存蔬果鲜度的时限延长，于是使用陶瓷构成的“OLTU”出现了。这款 OLTU 冰箱的上部是开放式的储存区域，共有 3 个陶土框组成。每一个区域都由冰箱下部分产生并提供一定热量，同时这些热量还会蒸发添加的水分从而为瓜果提供一定的湿度。根据不同瓜果的需求，3 个区域内的温湿度条件都略有不同。另外也根据不同蔬果的外形，设计出不同的容器大小与深度，让蔬果得以在最好的摆放空间里，以最好的姿势伸展。

网址：www.fabiomolinas.com

生态设计关键词：生物可分解　低能耗　低废料　妥善利用资源

57/ Ecopod/ 生态蒸汽洗衣机

设计者：Simon Hedt/ 西蒙·怀恩多特

Hedt 设计出一款生态蒸汽洗衣机，又叫生态 Pod，是一个小型洗衣机。生态 Pod 使用热干蒸汽与湿蒸汽，衣服分放在三个篮子里独立循环清洗，只需把它挂在墙上即可，不需要肥皂水清洗，所以洗过的水是无毒的，可用于浇花，是非常环保的一款产品。生态 Pod 还入围了 2011 年澳大利亚设计奖詹姆斯·戴森奖。

网址：www.igreenspot.com

生态设计关键词：无毒素

58/ Bell sound/ 贝尔音响

设计者：Matthew Higgins/ 马修·希金斯

设计最早的创作理念来自于老式的留声机喇叭外形。它选用整块木料通过掏取的做工技术加工而成，外观看起来很有复古的风范。底部设计了金属的底托，让音箱更加稳固。

网址：www.bellsound.com

生态设计关键词：无毒素　生物可分解

59/ Motz mini FM radio/ 莫兹木质便携音箱

设计者：Motz / 莫兹公司

来自韩国 Motz 的手工木质便携音箱，采用实木全手工制作。该款音箱虽然外形迷你，但是功能可谓一应俱全。它不仅拥有收音机的功能，还配置了 MicroSD 的扩展插槽，并可以为电脑或是 iPhone 等很多设备充当 MP3 播放器。该音箱的电池非常好，如果不用耳机播放音乐的时候，电池可以维持 3 个小时左右，用耳机收听的话，可以持续播放长达 8 个小时。

网址： www.motzsburgers.com

生态设计关键词：无毒素　生物可分解

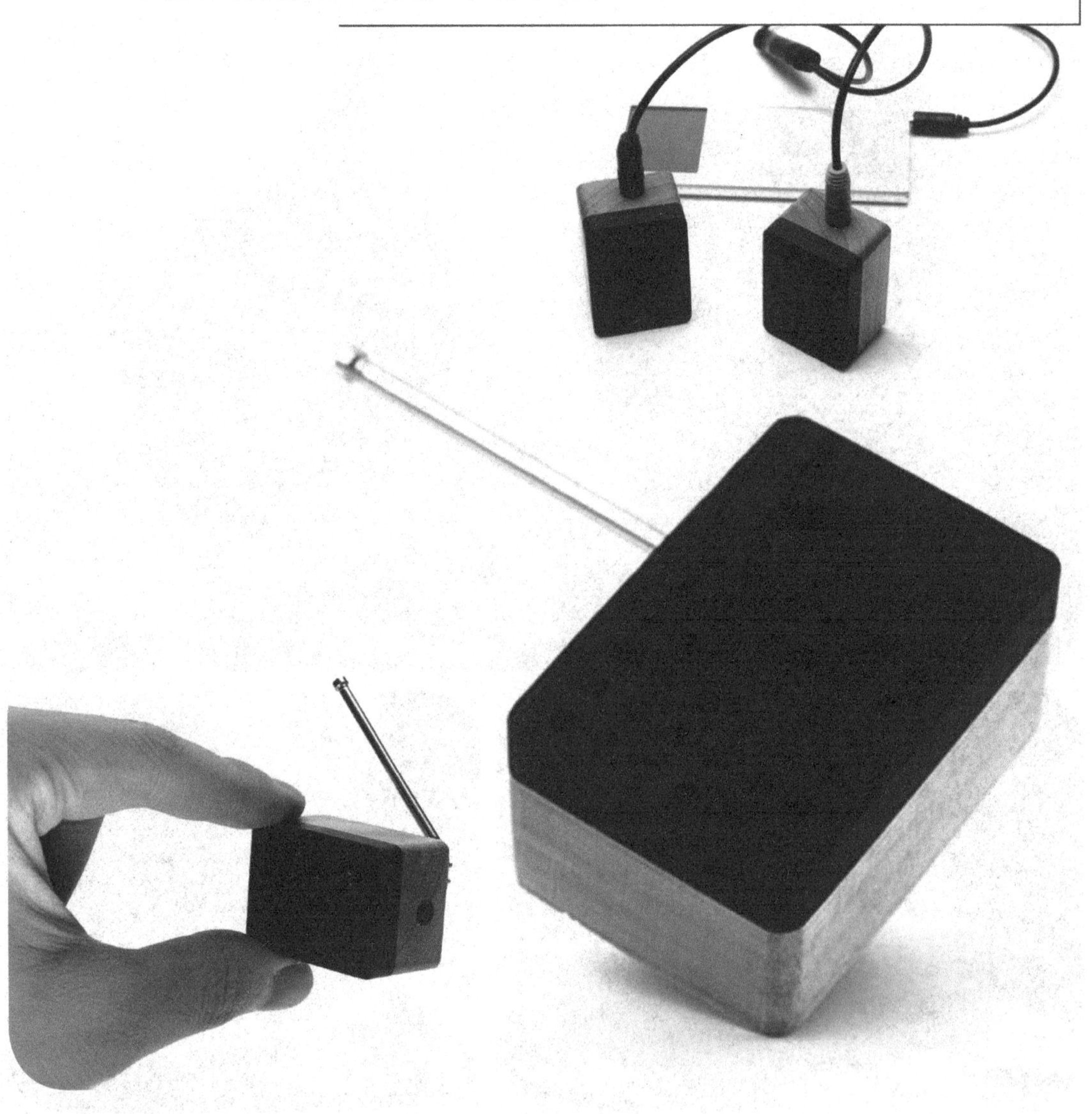

60/Add your own/自由设计灯

设计者：Ran Frank/ 法兰克

AUO 灯让每个人都有成为设计师和制造者的机会，设计采用钢筋和天然橡胶，这款灯没有灯罩是为了鼓励使用者去重新利用和循环使用每天生活中的物品。设计师用具有西班牙标志性的物品来作为灯罩，比如说从巴塞罗那街上收集来的水果筐、橄榄油桶和泡菜坛子等。

网址：www.ryanfrank.net

生态设计关键词：可回收　就地取材

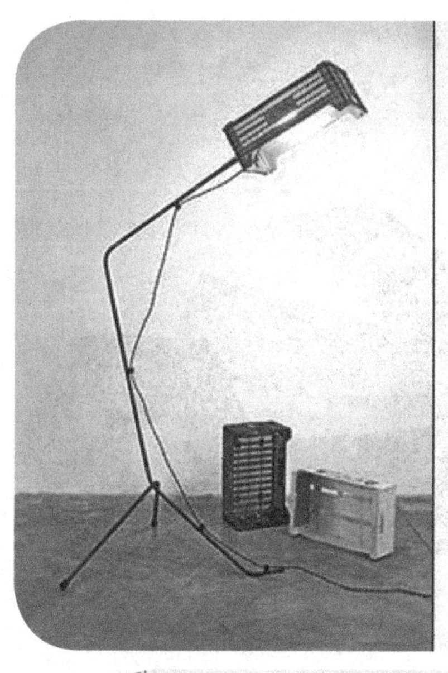

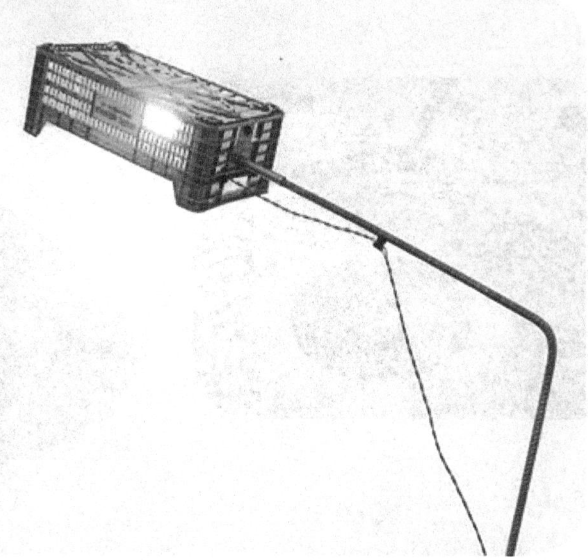

61/Plamp lamp/Plamp 灯

设计者：Paloma Agliati/帕洛玛·阿蒂亚利

设计采用再生、可回收、可降解的纸板，为了彻底减少包装材料的用量，智利设计师Paloma Agliati将产品和产品包装巧妙地结合在一起，设计了这款Plamp吊灯。Plamp 吊灯非常容易安装，这就打消了一些消费者使用环保产品的顾虑，毕竟消费者愿意接受这种环保产品多少需要一点勇气。

网址：www.ecocidades.com

生态设计关键词：可回收　可降解

62/ Bamboo weaving lamp/ 竹木编织灯

设计者：David Trubridge/ 大卫・楚布里吉

这盏灯的灯罩采用电脑数控切割重复图案的永续性夹板组成，让废物降至最低，并且采用天然的无毒油漆，整个设计可以平整包装，减少运输费用，在家即可组装。

网址：www.davidtrubridge.com

生态设计关键词：可回收　可降解

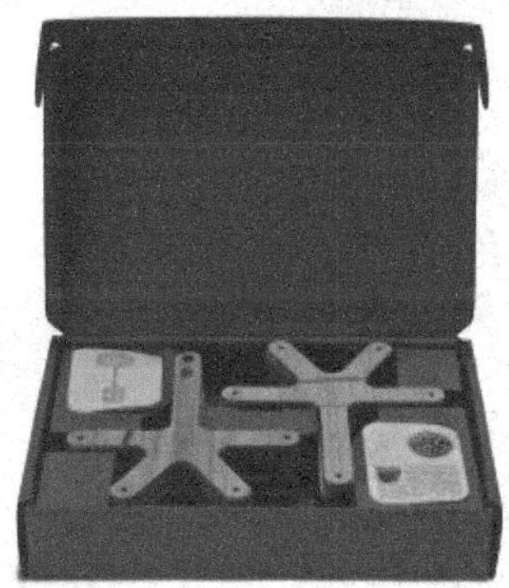

63/ Flowers lamp/ 花灯

设计者：David Trubridge/ 大卫·楚布里吉

设计采用永续性夹板资源组装，采用最不浪费木料的形态，并且采用天然的无毒油漆，是采用最少的材料达到最大功效的设计理念。

网址：www.davidtrubridge.com

生态设计关键词：可回收　可降解无毒素

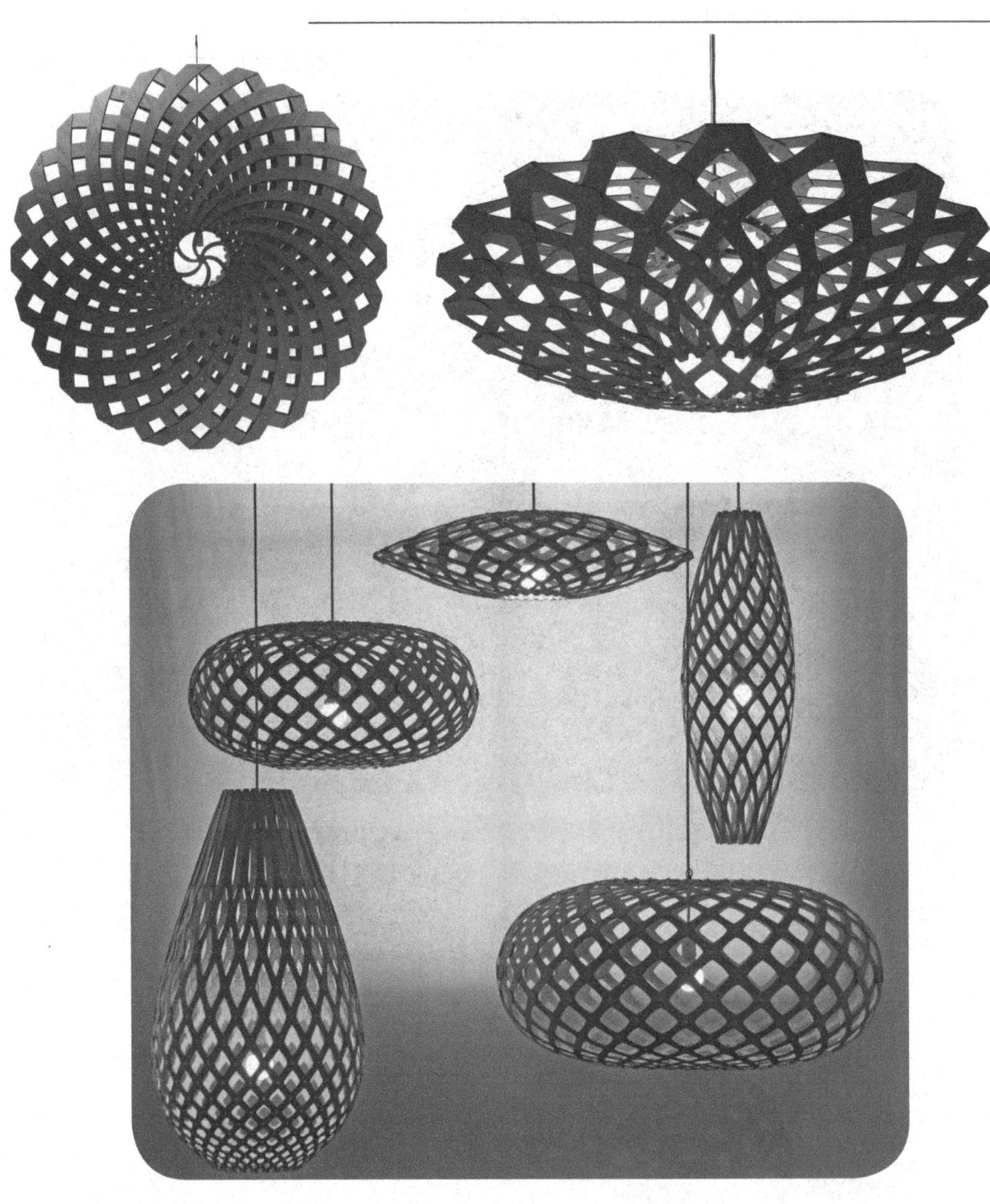

64/ Punga lights/ 锚形灯

设计者：Christopher Metcalfe/ 克里斯托弗·梅特卡夫

设计灵感来自于棕榈树，以激光切割永续性澳洲肯氏南洋杉材料制成，运用极低的废料制作，采用平整包装，节省运输成本。

网址：www.christophermetcalfe.com

生态设计关键词：可回收 可降解 无毒素

65/Nectar honeycomb droplight / 蜂巢吊灯

设计者：Rebecca Asquith/丽贝卡·阿斯奎斯

新西兰设计师Rebecca Asquith 的系列吊灯作品Nectar，LED灯罩由六边形轻质尼龙材料拼接，整个外形酷似蜂巢，有椭圆和半圆的版本，灯光打开后蜂巢变得通透，这也许是蜜蜂最漂亮的家，也能给人以温暖舒适的体会，带来如蜜糖般的绵绵甜意。

网址：www.rebeccaasquith.com

生态设计关键词：可回收　无毒素

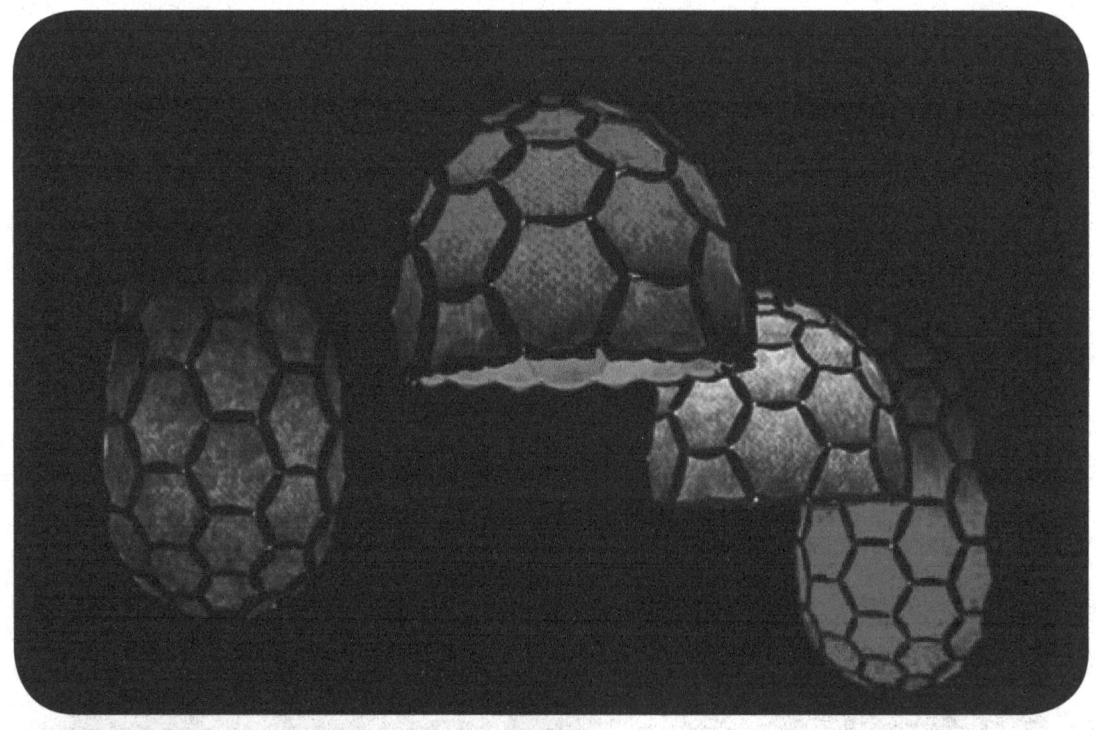

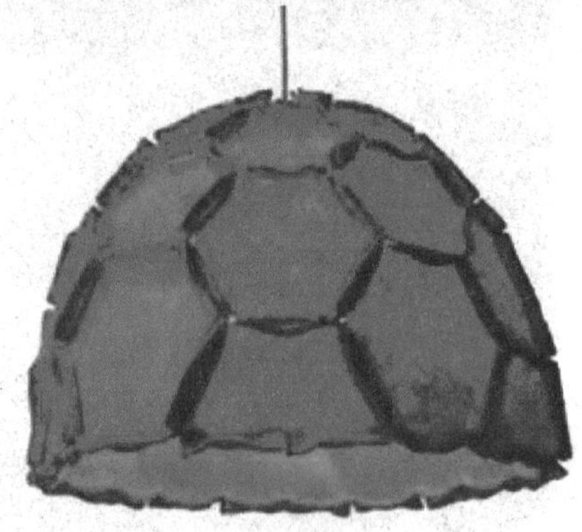

66/Nautilus lampshade/ 鹦鹉螺灯罩

设计者：Rebecca Asquith/ 丽贝卡・阿斯奎斯

设计师受到鹦鹉螺外形的启发，为我们带来了一系列全新的吊灯作品 ，光线从木质结构的螺纹缝中透出来，形成了一种独特的氛围。这只灯采用层叠嵌套的结构，使用者可以把它折叠来调整到所需要的亮度。设计采用澳洲环保肯氏南洋杉夹板做成，它以套件的形式平整包装送达，减少包装，提高运送速度。

网址：www.rebeccaasquith.com

生态设计关键词：低能耗　低废料　生物可分解　妥善利用资源

67/Light reading lamp/旧书灯

设计者：Lucy Jane Noreman/露西·简·诺曼

每年都有很多书被印刷、阅读、丢弃，虽然很多人会把它带到慈善书店，但是很多时候都无人购买，慈善书店还要支付把书送去垃圾厂的费用，例如每个星期都会有1000本书在慈善书店被处理掉。目前还没有建立回收旧书籍的基础设施，因为回收必须把纸上的胶水彻底清除。设计师用这些废旧书籍创建一款有吸引力的枝形吊灯，每一页都是对折，产生一个圆形排列，挂在一个吊灯外面，就是灯罩。该设计用无毒的天然材料涂装，对纸张有阻燃性。

网址：www.lucynorman.com

生态设计关键词：低能耗　低废料　生物可分解　妥善利用资源

68 / Photovoltaic street lamp / 光伏路灯

设计者：Alfredo Haberli / 阿尔弗雷多・哈伯利

这是由设计师阿尔弗雷多・哈伯利设计的一款非传统能源的路灯系统，它采用了最新一代的太阳能电池，太阳能电池装在最能接受太阳光照射的灯的上部，白天处于全天储电状态，夜晚就可以自动亮灯照明。这种多功能系统提供了两种地面照明，一种墙面照明，这三种版本可以选择，并且都是采用 LED 灯泡和可充电电池的组合，不需要使用任何附加电源或者电池，在材料的使用上面也采用了铝制构造和聚碳酸酯。哈伯利是一位致力于探究利用高科技解决可持续发展问题的设计师，这款灯就是他的实践之一。

网址：www.luceplan.com

生态设计关键词：新能源

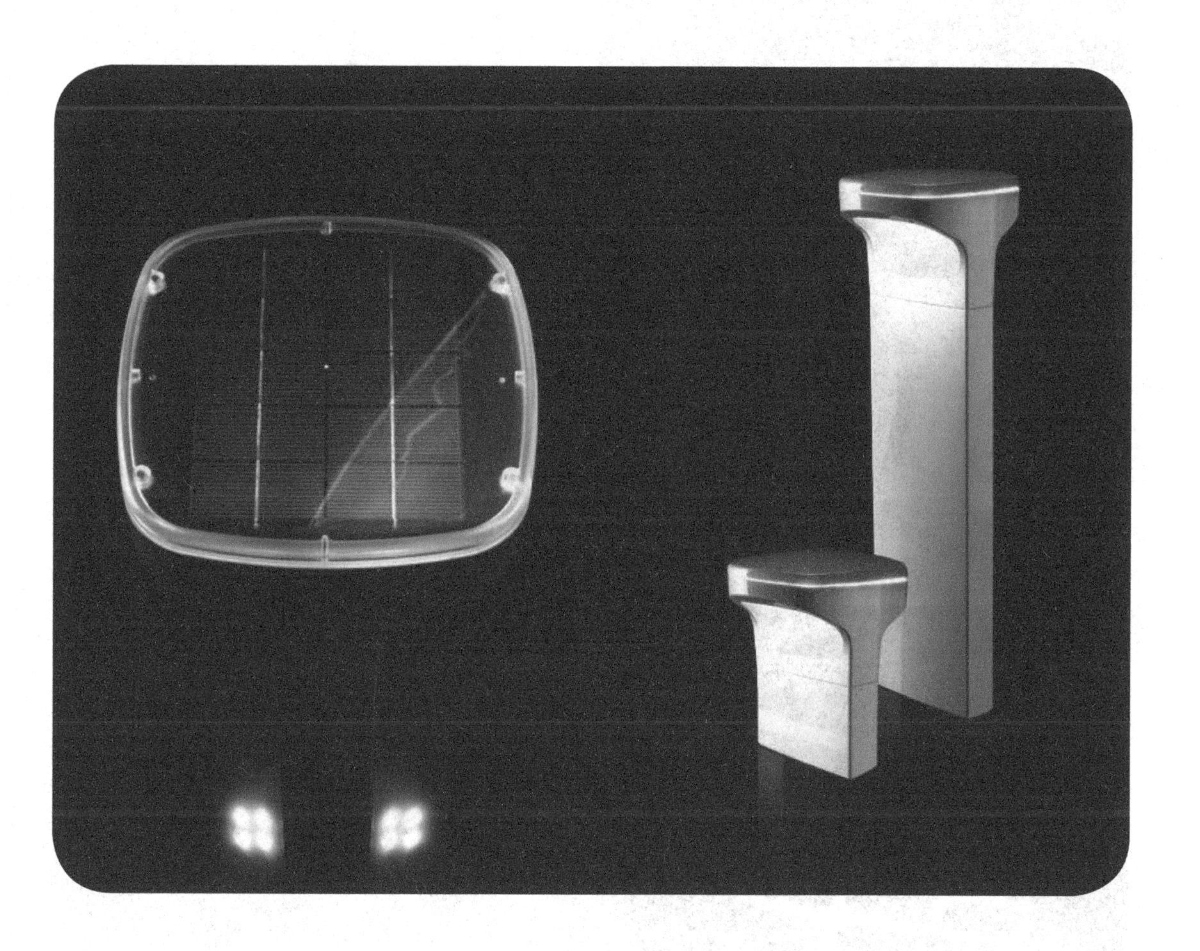

69 / Lighting modules / 照明系统

设计者：Ross Lovegrove/ 洛斯·拉古路夫

X 系统是由设计师洛斯·拉古路夫设计的一款灵活的照明系统，它的基础模块被设计成垂直或者水平的不同形状，它可以根据空间的尺度进行调整，所以，它能适合任何环境的需要，就像自然光一样，这种照明灯在灯具的安装和视觉显色方面都别具特色——该系统使用了荧光灯泡，有冷、暖两色可供选择。

网址：www.yamagiwa-light.com

生态设计关键词：新能源

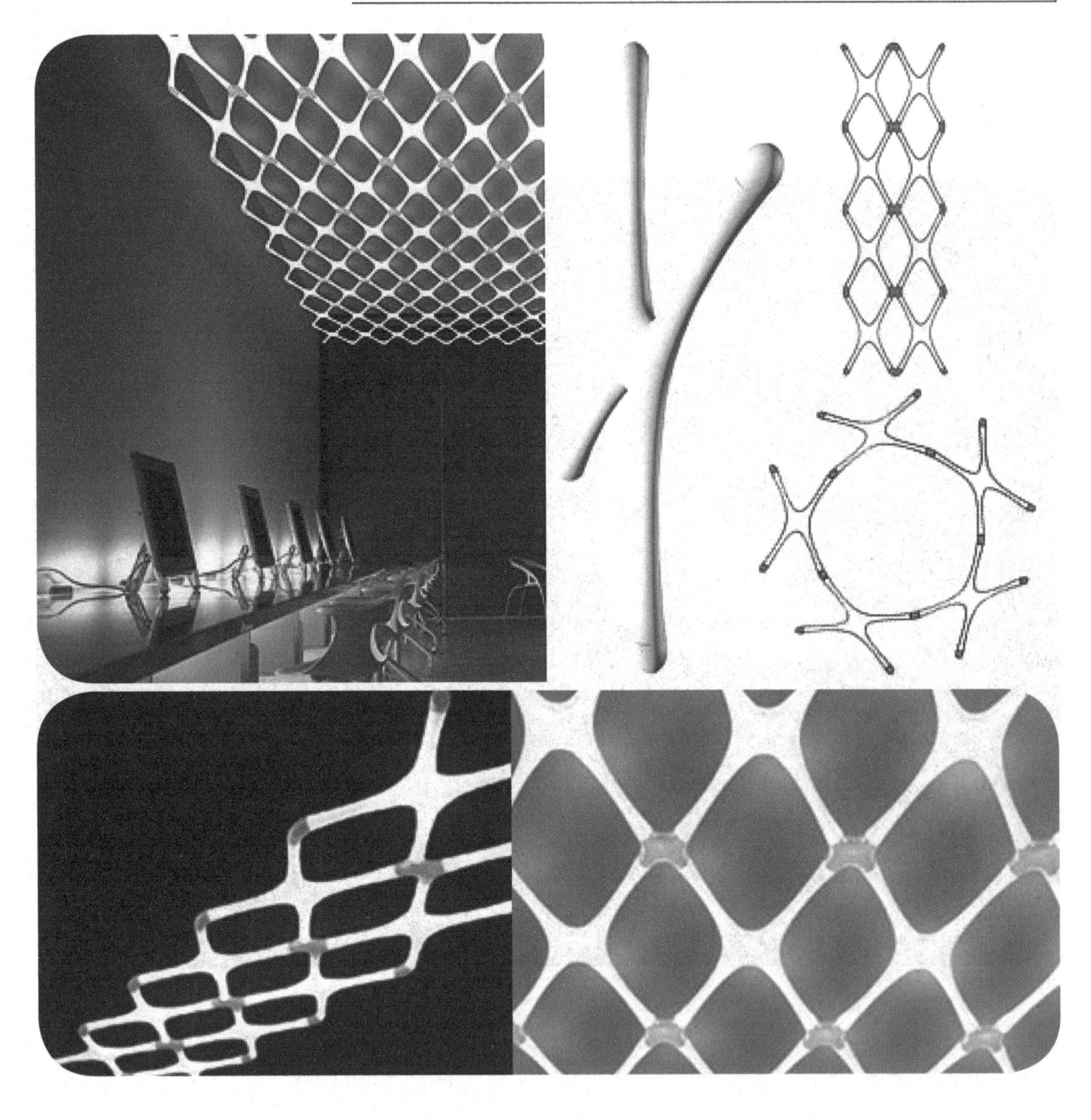

70/ 树枝灯具

设计者：Peter Yong Ra/ 彼得拉

这个台灯看起来非常陈旧，似乎是一个穴居人工作室里的一个台灯，昏暗的灯光里传递出它那悠久的历史，似乎也在向人们表明它有多么的陈旧。一根苗条的树杈代替了复杂的结构，创造了一个完美的三脚架台灯，复古的风格给你的工作室营造了厚重的色彩，在这样一间工作室里工作，我想你身上更多的是一种责任。

网址：www.peteryongra.com

生态设计关键词：就地取材　可回收

71/Folded light art/折纸艺术灯具

设计者：Jiangmei Wu

这款折纸灯具是 Jiangmei Wu 最新的设计，它使用纸张折叠而成，材料是回收的棉纸张和 LED 灯泡。每一个帘可以被压缩成平纸，在运输的时候非常方便，有机的结构和环保的材料，它是一个美丽的组合，既简单又复杂。

网址：www.foldedlightart.com

生态设计关键词：生物可分解

72/CD 吊灯

设计者：德国设计师 YeaYea

废旧 CD 对我们而言有什么可用之处呢？我想随意丢弃的不在少数吧？设计师利用废旧 CD 制成吊灯，是一个非常环保的创意，并且 CD 表面的涂层还可以折射出五颜六色的炫彩。

网址：www.yeayea.com

生态设计关键词：可回收

73/塑料瓶吊灯

设计者：Shelley Spicuzza/谢莉·斯皮库扎

塑料瓶这种看似只能被扔掉的废物在设计师的手中同样可以充满趣味，这款时尚的吊灯主体是由塑料瓶制作而成的，瓶子底部的凹凸在光线的折射下，投射出不同的光，不同颜色营造出不同的氛围，利用塑料饮料瓶制作吊灯是一种再循环设计，努力开拓它的新功能，不一定把它们放到回收站就是循环。

网址：www.coroflot.com

生态设计关键词：可回收

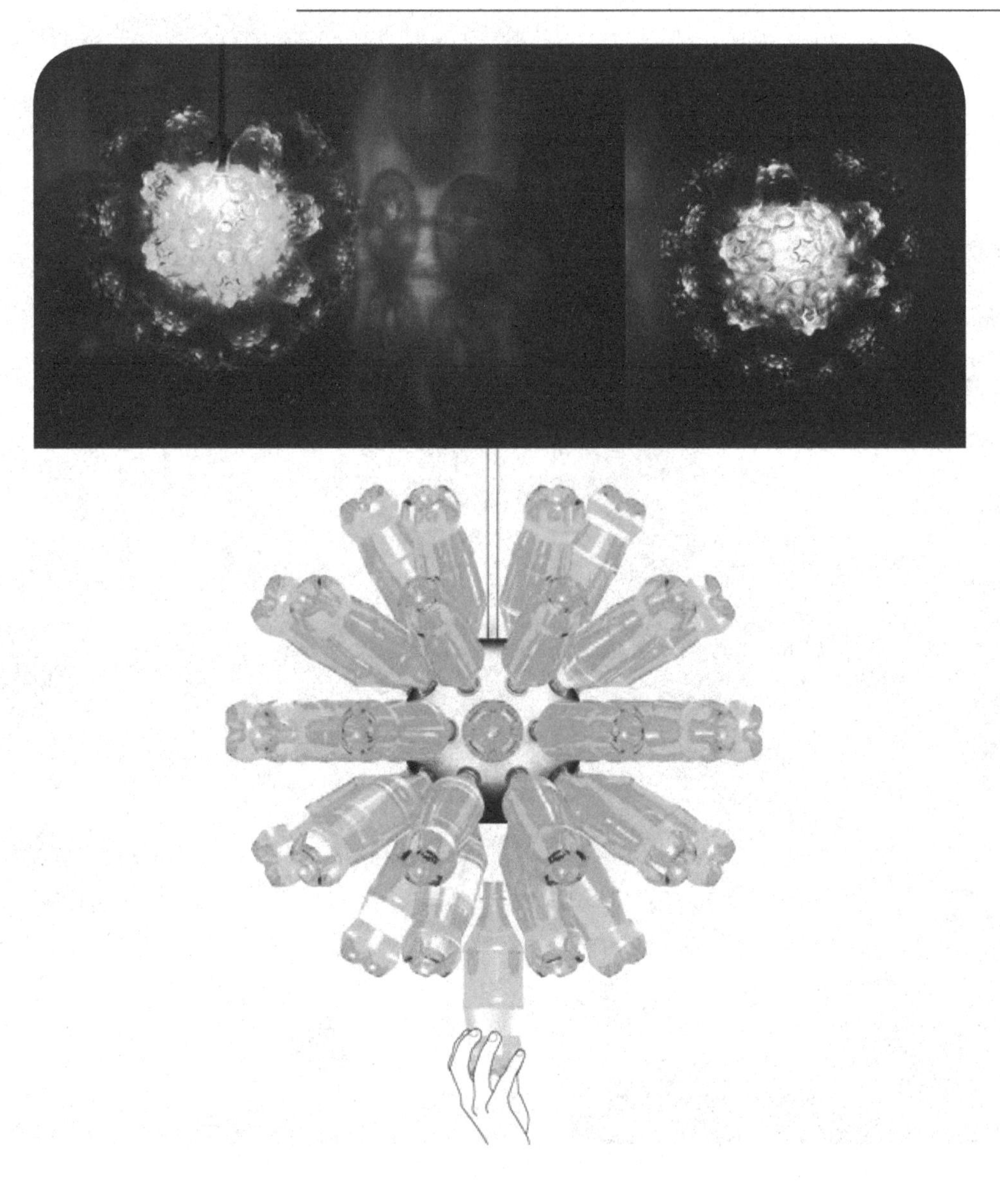

74/ 自发电电子设备

设计者：Gionata Gatto/ 吉纳塔·加托

当房间里总是充满着各种电子电器设备的时候，有没有想过换一种能源去消耗，那么，快点拔掉你的电视机或者 LED 灯吧，来感受一下意大利设计师 Gionata 的新发明。每踩踏 5 分钟，就可以存储发出 1 小时的光所需要的能量。由于是手动的，因此很健康。也许在踩踏的时候你心里是骄傲的，因为在健身的同时，你还在创造能源，更是在节约地球资源。

网址：www.atuppertu.com

生态设计关键词：新能源

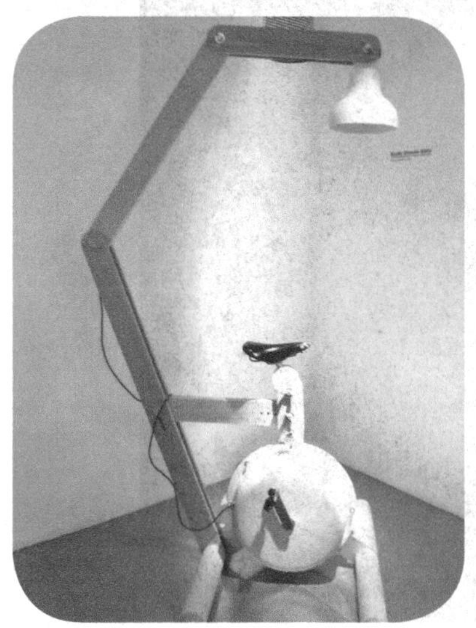

75/吸管灯

设计者：Scott Jarvi/斯科特·雅尔维

生活中有许多可利用的垃圾，比如这些吸管，使用大量吸管制作出理想的形象是一个可循环利用的创意，这样可以得到一件新的产品，可以是吊灯，也可以是椅子，一切为人类使用的东西都可以亲手制作。我们不能只制造垃圾，更应该懂得如何运用垃圾，完善我们的生活。

网址：www.scottjarvie.co.uk

生态设计关键词：可回收

76 / 番茄供电的 LED 灯

设计者：D-VISION 工作室

以色列设计工作室 D-VISION 设计出一款用番茄给 LED 供电的灯具，通过番茄氨基酸与外接的锌片以及 LED 灯的铜片发生化学反应，进而产生微弱电流，若多个番茄串联，达到足够的电流以后，LED 灯就能够发亮了，其他水果也可以制作一款相似的灯，不妨自己动手试试吧。

网址：www.d-vision.co.il

生态设计关键词：新能源

77 / A span of lights/ “随意滑动的光”台灯

设计者：Hong-kue Lee

A span of lights是一盏根据需要来调节发光灯泡数量的台灯，它的功能和操作都很简单，只需用手指或者手掌在台灯的上方点选你合适的光源范围即可。由于我们做不同的事情需要的亮度是不一样的，韩国设计师Hong-kue Lee就是根据这个来设计这款台灯的。

网址：www.kuelee.com

生态设计关键词：低能耗

78/ Tide chandelier/ 潮汐枝形吊灯

设计者：Stuart Haygarth/ 斯图亚特海加思

这展枝形吊灯以透明和半透明的物品打造，主要由树胶物品制成，每件物品的形状和形态各异，但是组合在一起后形成一个球体。这件作品的原作是一件大型作品，是收集冲刷到肯特海岸线的人工废弃物做成。

网址：www.stuarthaygarth.com

生态设计关键词：低能耗　环境保护

79/ Milk bottle lamp/ 牛奶瓶灯

设计者：Tejo Remy/ 提欧·雷米

牛奶瓶灯是北欧设计师的灵感，最近在上海、深圳等巡展的Droog（楚格）品牌，其中最受关注的就是这款奶瓶吊灯，它是利用荷兰当地回收的牛奶瓶，以十二个牛奶瓶构成，每个瓶子经喷砂处理。

网址：www.stuarthaygarth.com

生态设计关键词：低能耗

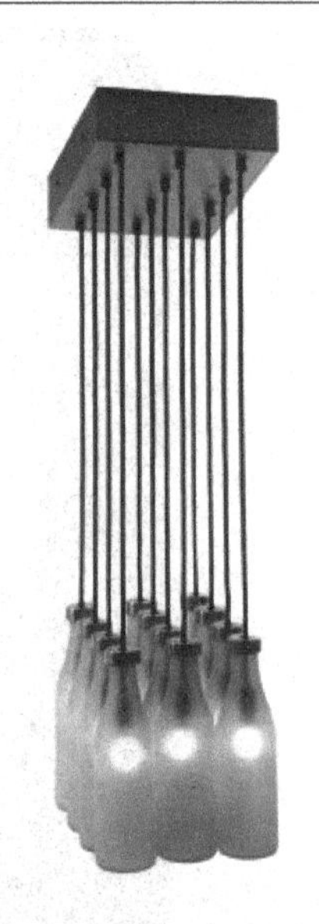

80/ Capsule light/ 胶囊灯

设计者：Jaime Salm and Katherine Wise/ 萨姆和怀丝路

这盏吊灯以两个像胶囊一样的毛毡做成，彩色的毛毡直射光源，白色的毛毡扩散光源，散发柔和、让人放松的光。它是为低耗能设计的，而且容易拆解，方便运送和回收。

网址：www.mioculture.com

生态设计关键词：生物可分解　低能耗　可回收　妥善利用资源

81 / Bendant lamp/ 吊灯

设计者：Jaime Salm and Katherine Wise 萨姆和怀丝路

这盏平整包装的枝形吊灯由一系列激光切割的叶形灯罩，环绕中央一个固定装置组成。灯的大小、切割的形状和平整的包装，都发挥最高材料效益。此外，叶形灯罩可以自由选择弯曲，以产生独特的光影效果。

网址：www.mioculture.com

生态设计关键词：低能耗　低废料

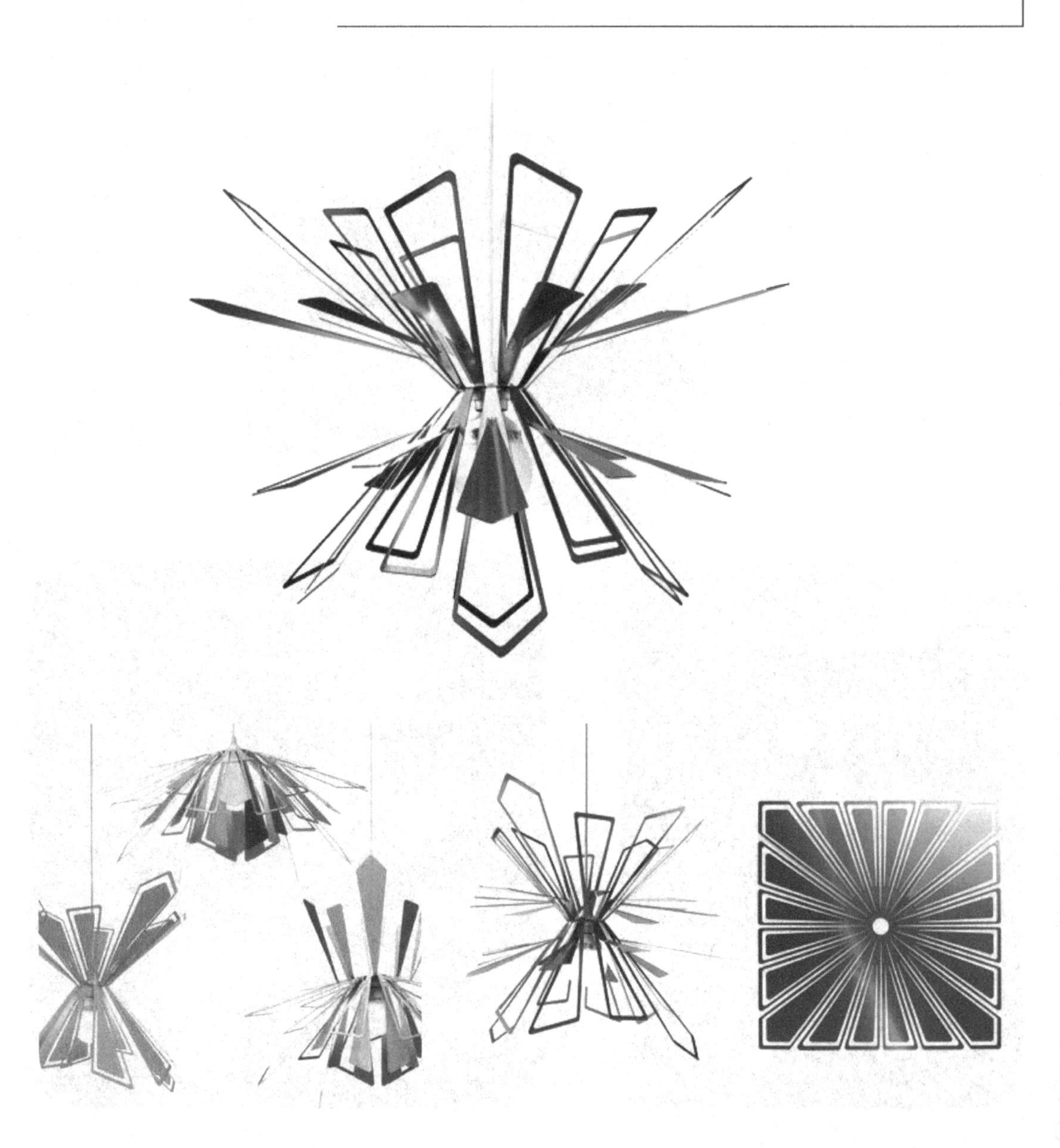

82/ Come rain come shine chandelier/ “无论晴雨”枝形吊灯

设计者：Tord Boontje/ 托德・布歇尔

这盏灯是布歇尔对传统枝形吊灯的抒情再创造，以棉线、乌干纱和丝质的花朵，优雅地环绕一个坚固的金属基座。它是与巴西的库帕罗卡妇女合作社(Coopa-Roca Women’s Cooperative)合作，手工打造。这件作品是艺术的良知设计的设计案，主要是依据人道主义和友善环境的原则制作作品。

网址：www.artecnica.com

生态设计关键词：低能耗　公平贸易

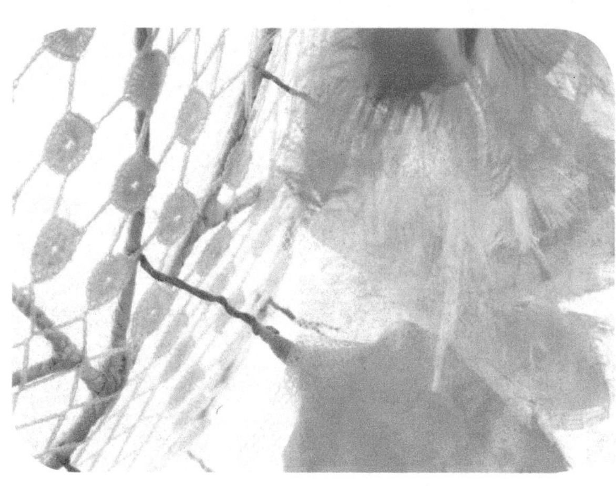

83/ All occasion veneerware plates, round / 所有场合可用的圆餐盘

设计公司：Bambu/ 竹子公司

圆餐盘是一款美国设计公司设计的一次性餐盘，它的原材料是竹子，均是可再生、可回收循环再利用的材料，不但环保而且全部通过安全测试，适合于婚宴、生日派对等场合，是值得信赖、负责任的产品。

网址：www.bambuhome.com

生态设计关键词：生物可分解　低耗能　可回收

84/Bowl/ 碗

设计公司：Cork Nature / 软木自然公司

软木自然公司使用森林管理委员会认证的软木，制作与自然协调的产品。CORKOAK 是生长缓慢的树木，可以存活两百年，因此一生中平均可以剥皮十六次，第一次剥皮在二十五年后进行，接下来每九年剥皮一次。该公司确保以合乎道德、负责的方式，为树木剥皮，过程中产生的任何废物也都会回收。

网址：www.carknature.com

生态设计关键词：可回收　妥善利用资源

85/ Solidware collection/ 实心器皿系列

设计公司：Bambu/ 竹子公司

这个系列托盘、碗和家用器皿，用经过认证的有机竹材做成，所有的产品都是手工打磨，并用一种符合食品安全、以蔬菜油和蜡做成的油料涂装。这个系列的产品没有着色、染色，是完全不含色素的产品，并且所有产品只用不含甲醛的水性黏着剂，是完全绿色的产品。

网址：www.bambuhome.com

生态设计关键词：生物可分解　公平贸易　无毒素　妥善利用资源

86/ Cutting boards/ 砧板

设计公司：Bambu/ 竹子公司

这些砧板和上菜板的材料都是经过认证的永续性竹材质，而且所有包装都是以森林管理委员会认证的资源，或者是 100% 的消费后回收纤维制成，这些产品的生产者，组织成一个公平贸易的团体，这个公司超过 1% 的销售净额，捐献用于保护自然环境。

网址：www.bambuhome.com

生态设计关键词：生物可分解　公平贸易　无毒素　妥善利用资源

87/News mats/报纸垫

设计公司：Re-found Objects/物品再利用公司

这些色彩缤纷的垫子是以回收的报纸绕成圈缠绕而成，可以根据喜好，做成不同的形状、不同的大小。

网址：www.frederiquemorrel.com

生态设计关键词：可回收

88/ Rush mats/ 灯芯草垫

设计公司：RUSHMATTERS/ 艾朗丝公司

这些灯芯草垫是艾朗丝公司的产品，是用英国芦苇手工打造而成。由于在采收和最后的编制设计阶段都没有使用任何化学处理，所以每一个都是 100% 纯天然的，垫子不仅经久耐用，而且在丢弃后可以生物可分解，可谓是完全无毒无害的产品。

网址：www.rushmatters.co.uk

生态设计关键词：生物可分解　妥善利用资源

89/ Solskin tableware/ 橘子皮餐具

设计者：Ori Sonnenschein/ 奥里·索南夏因

无论从什么角度来讲，橘子皮真都可以称得上一件宝贝，它可以用来入药或者炖汤，现在以色列设计师 Ori Sonnenschein 又给它发明出一种新的用途，那就是餐具，它的制作工艺非常简单，先将橘子皮晒干，然后进一步加工成型，变成罐子、勺子、盘子之类的东西，不但环保，而且气味清新。

网址：www.solskindesign.com

生态设计关键词：可回收　生物可分解

90/Ecological paper tableware/生态纸餐具

设计公司：WASARA 公司

Wasara 品牌一次性餐具开创了即弃餐具设计的潮流，讲究线条的设计，取材更环保。它取材于不损害生态的非木材物料——原生芦苇、竹浆和甘蔗渣这些具有丰富资源的材料，又可持续使用，容易进行生物分解。

网址：www.wasara.us

生态设计关键词：可回收　生物可分解

91/Reusable coffee cup/可重复利用的咖啡杯

设计者：Patrick Norguet/帕特里克·诺尔盖

这些杯子没有采用原有大麦咖啡杯的金黄色，而是分六种颜色，杯身材料为陶瓷，外面套有一个泡沫保护套，一方面可以避免手被烫伤，另一方面可以让顾客抓得更稳。

网址：www.patrickn orguet.com

生态设计关键词：可循环

92/Lacqueware/ 漆器碗

设计公司：Bambu/ 竹子公司

Bambu 的这个系列结合了现代设计与传统竹工艺，每个碗都是用细长的竹手工艺盘绕成型，并用提炼自腰果树、符合食品安全的天然生漆涂装。这个系列的碗、盘和其他桌上用的东西都是经有机、永续、公平贸易的产品，并且成品大都用暖色调，表面防水处理。

网址：www.bambuhome.com

生态设计关键词：可回收　生物可分解

93/Ceramic bowls/陶瓷碗

设计公司：Feinedinge 设计工作室（奥地利）

奥地利设计工作室 Feinedinge 通过精美的设计让陶瓷产品变得与众不同，它们利用一座小型水力发电站提供能源，来烧制现代风格的永续性陶瓷，这些精致的瓷碗是在维也纳手工制作的。

网址：www.feinedinge.at

生态设计关键词：低能耗

94/Electric steamer / 电蒸笼

设计公司：Nathome/ 北欧欧慕

北欧欧幕竹香电蒸笼作为绿色厨房用具，采用 100% 的原竹材质，无毒，无污染，材料符合环保和食品认证要求。北欧欧幕主张纯粹的生活态度，力图为消费者提供一种健康的生活氛围，它饱含健康的体魄、健康的饮食和健康的生活方式。

网址：www.nathome.cn

生态设计关键词：无毒素

95/莱克盘

设计公司：Lucy D

设计采用回收的日用瓷器，制成银器，Lucy D公司的创立者Barbara Ambrosz和Karin Stiglmair收集废弃的不同年份、尺寸和形状的瓷器，然后加上一个简单的圆形元素，把这些物品整合成一组新的元素，设计师在盘子的边缘制作成手工白的金釉，中间是一个正方形，能够呈现出盘子原有的样貌。

网址：www.Lucyd.com

生态设计关键词：可回收

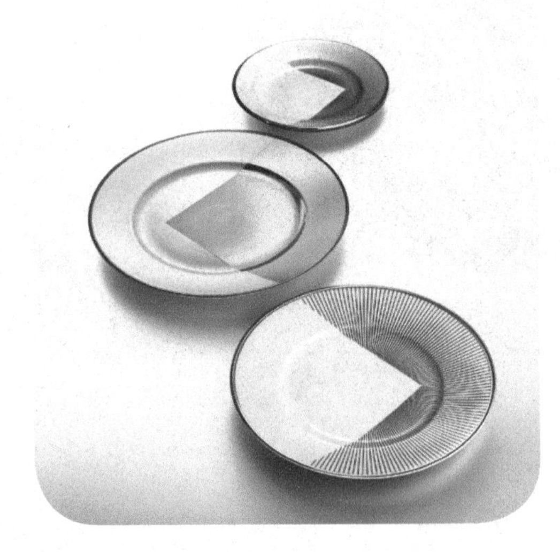

96/ Gemo salad tongs/ 格莫沙拉夹

设计公司：Ekobo/ 埃科博公司

这些沙拉夹是用永续性压制竹材料手工打造，手工上漆，这些沙拉夹是在公平贸易的环境下制造的，并用回收的包装材料来包装。

网址：www.ekobo.org

生态设计关键词：生物可分解　低废料　妥善利用资源

97/Tilt bowls/斜碗

设计公司：Anne Black/布莱克公司

布莱克公司简约、古朴的作品都用一种无毒的釉料涂装，例如这些碗。

网址：www.anneblack.dk

生态设计关键词：公平贸易　无毒素

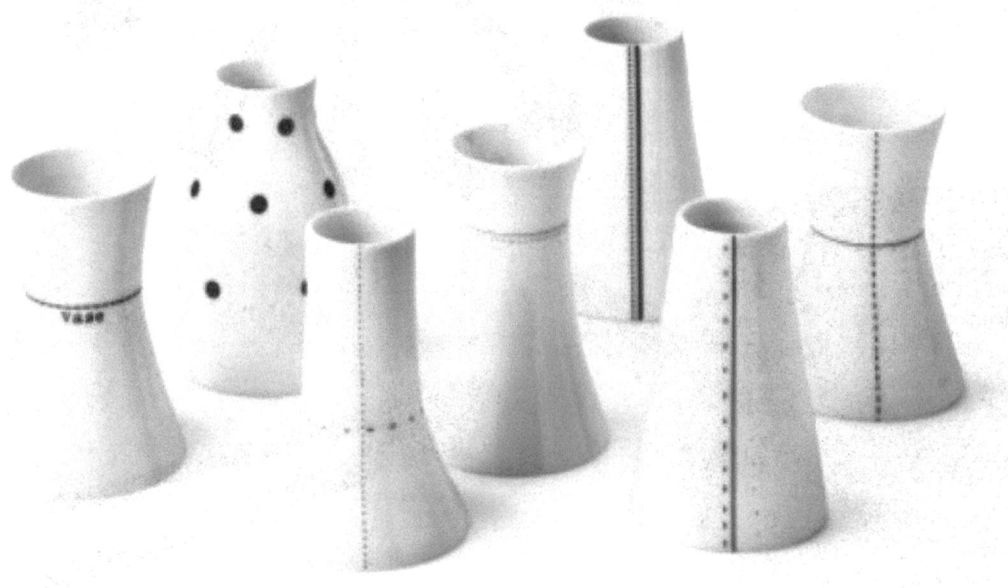

98/Uit de klei getrokken/ 黏土餐具

设计公司：Lonny Van Rijswijck/ 莱斯韦克公司

这些杯碟拥有不同的质地和颜色，凸显了材料的多样性，这些材料是设计师走访荷兰各地精心选取的黏土。

网址：www.ateliernl.com

生态设计关键词：无毒素

99/ Cycloc bicycle storage unit/ 脚踏车收纳单元

设计者：Andrew Lang/ 安德鲁·朗格

这个独具特色的脚踏车收纳单元特别适合生活空间狭小的城市自行车骑士，让使用者可以把脚踏车挂在墙上，它利用一个旋扣装置，让放置自行车就像挂一件夹克一样简单。Cycloc 的所有款式都具有生态友好性，他们积极倡导使用脚踏车，尤其是黑色款，它是由 100% 回收中密度聚乙烯废弃物制成。

网址：www.andrewlang.co.uk

生态设计关键词：可回收

100/ Pet pod/ 宠物窝

设计者：Vaccari/ 瓦卡里

这个设计的灵感来自于设计师的猫，设计师用回收的报纸和电话本为他的猫设计了一个圆顶的宠物窝。

网址：www.vaccari.co.uk

生态设计关键词：可回收

101／Woodshell bioplastic computer/ 木质塑胶电脑

设计者：富士通和 Monacca 公司

这台电脑是由电子厂商富士通与日本设计品牌 Monacca 合作生产，并且在日本 2008 年的设计展中得到展示。它的外部是用永续性柳杉资源蒸煮弯曲组成，电脑的外壳和塑胶零件有 30% 是以玉米味原料的生物塑胶制成。

网址：www.monacca.net

生态设计关键词：妥善利用资源

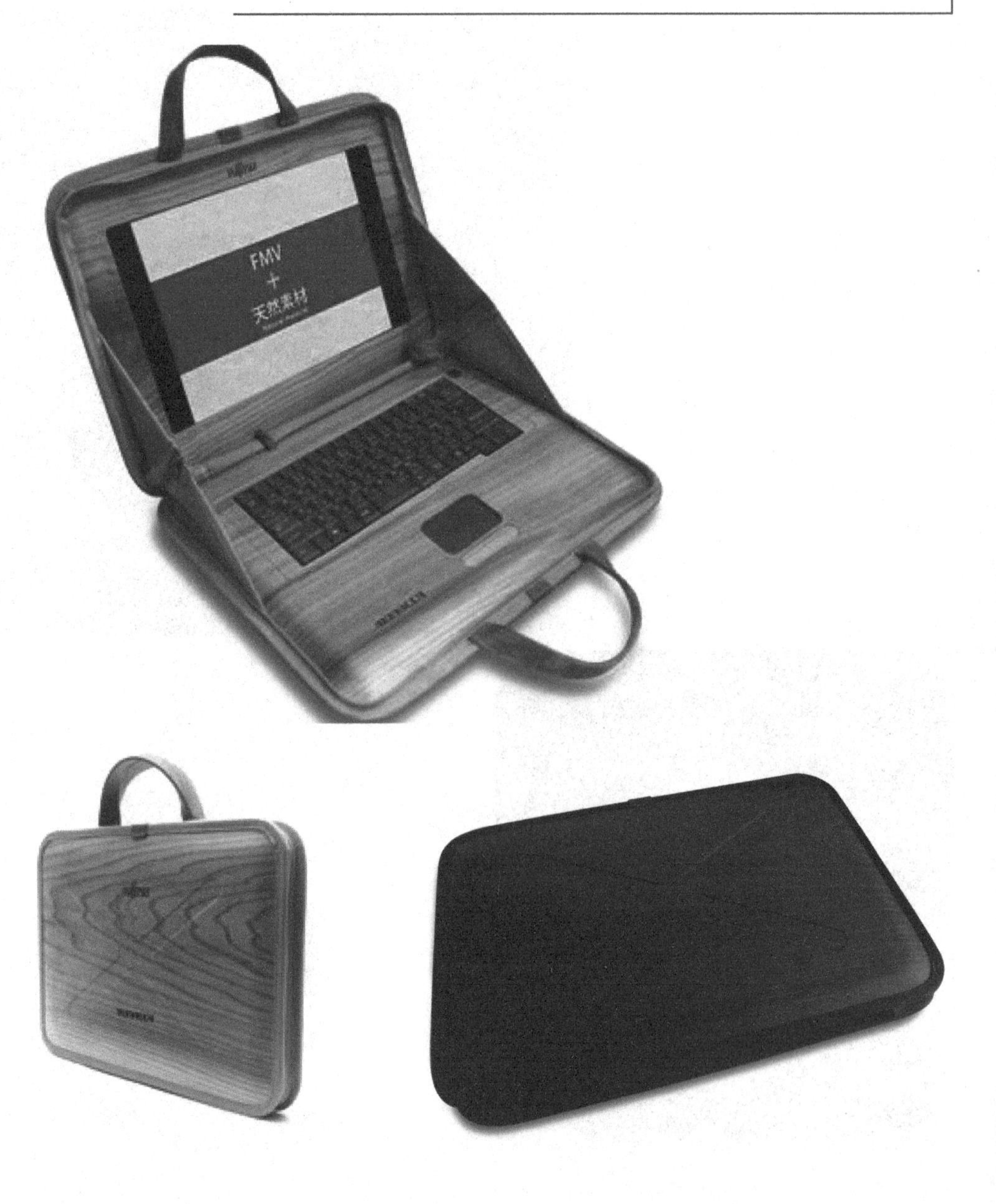

102/ One laptop per child/ 一个儿童一台电脑

设计者：Yves Behar ,Fuse Project/ 贝哈，融合计划

“一个孩子，一台电脑”（One laptop per child，简称 OLPC）组织向公众展示了他们最后的产品原型 XO。这款电脑是为全球最贫穷的消费者——一些发展中国家的贫穷孩子而设计的。产品小巧耐用，兼有彩色影像荧幕和阅读文本用的高反差黑白荧幕。

网址：www.fuseproject.com

生态设计关键词：公平贸易

103/Wattson slectricity monitoring device/华生电力监控系统

设计者：DIY Kyoto/ 自助京都工作室

这个家用电力监控系统可以知道家里任何时间的用电量，使用者借由监控他们的使用情况，常会发现可以省下多达 20% 的电费。这个装置是可携式，所以可以放在家中的任何地方，来接受从固定的电表或者保险丝盒上的一个传感器传送的信息。

网址：www.fdiykyoto.com

生态设计关键词：低能耗

104/ICF-B01 portable radio/ICF-B01 可摇式收音机

设计者：SONY/ 索尼公司

这是 SONY 又一个富有创意的产品，在日本等多地震的国家，收音机往往成为应急中最有效的信息工具，而这款收音机最大的好处是有个手摇发电装置，摇 1 分钟可以听 1 个小时的 AM 或 40 分钟的 FM。当然，它还具备手机充电功能，1 分钟摇动可以给手机充 3 分钟的电。收音机顶部是 LED 照明灯，是居家应急的好伴侣，而且有 3 种颜色可供选择。

网址：www.sony.co.uk

生态设计关键词：低能耗

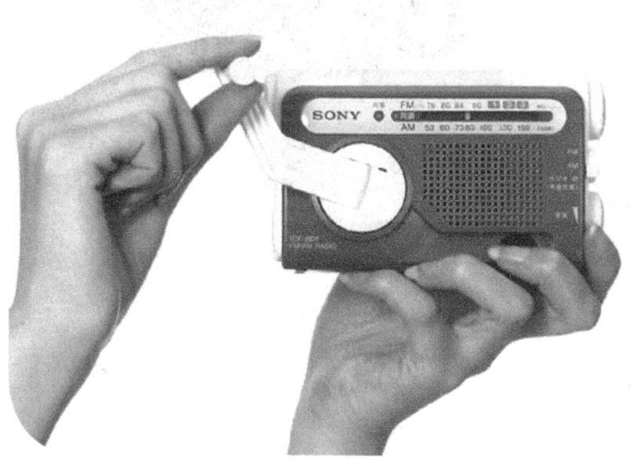

105/ Jar tops/ 罐盖

设计者：RVKB 公司

这是组由使用过的果酱罐改装成的厨房用具，果酱罐的使用寿命得到延长，它们是聚丙烯材料，这个系列包括糖罐、牛奶罐、香料罐、万用储物容器、巧克力喷器、油醋罐组、马克杯和一个水罐。

网址：www.jorrevanast.com

生态设计关键词：可回收　低废料

106/ Fabriano, an ecological trash bin/ 生态垃圾桶

设计者： Riccardo Nannini/ 里卡多・南尼尼

这是一款完美的设计，它的形状像一个松饼杯，颜色是具有绝妙回忆感的棕色纸，它是由几层再生纸组成，并没有外部结构来支撑，你只要取出里层，扔掉它，就可以开始使用新的一层。

网址：www.dezeen.com

生态设计关键词：生态可分解

107/Hati cuddle toy/ 竹宝贝毯

设计者：Bamboosa/ 竹莎公司

这些毯子是一种纯天然的布料，是以 70% 的竹和 30% 的棉做成，产品的颜色包括无染色、淡粉红、绿色和蓝色，该公司避免漂白他们的产品，这就是为什么他们完全没有白色设计的产品。在商标方面，他们选择刺绣，而不是选择油墨，以达到环保的目的。

网址：www.bamboosa.com

生态设计关键词：无毒素　妥善利用资源

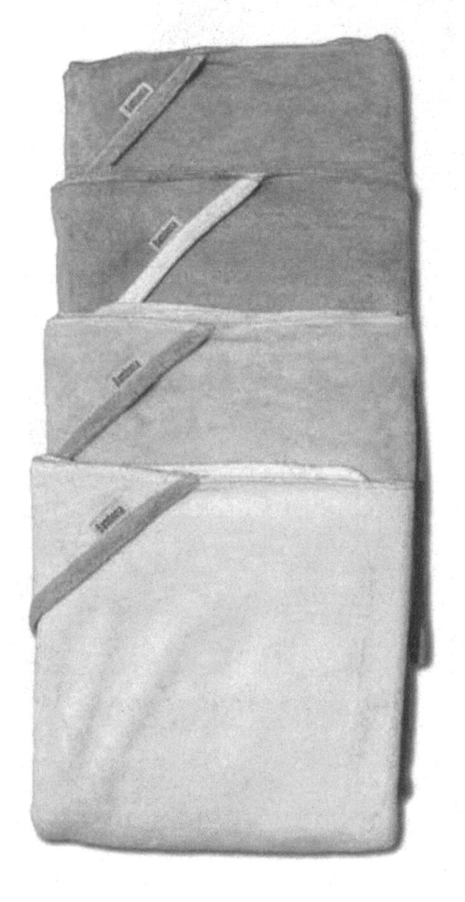

108/ Office set/ 室内家具套装

设计者：Ineke Hans/ 韩丝公司

这是韩丝“黑就是美”的产品，所有物品都是以黑色的回收塑胶做成，抗风、防水、抗菌、抗紫外线，让这件产品很耐用，室内室外都适宜。

网址：www.inekehans.com

生态设计关键词：可回收

109/Mod rocker/摩登摇椅

设计者：Lisa Albin/丽莎·亚平

由丽莎设计的这个儿童家具系列，结合有机形态、人体工学和永续性材料，趣味十足，小孩和大人都会被吸引。这张摇椅以模制的永续夹板和硬木贴皮资源组成。

网址：www.iglooplay.com

生态设计关键词：低废料　无毒素　妥善利用资源

110/ Picket chair/ 尖春椅

设计者：Loll Designs/ 罗尔设计公司

尖春系列的产品统一的特色是拥有简洁、现代的线条，并且以 100% 的回收塑胶（大部分是塑胶牛奶瓶）组成，这种材料无需保养，而且完全不受气候影响。

网址：www.lolldesigns.com

生态设计关键词：可回收

111/Giddyup rocking stool/“眼花缭乱”摇凳

设计者： Tim Wigmore/蒂姆·威格莫

坐着一定是要静止的吗，可不可以像骑马一样活跃？Tim Wigmore利用永续性材料制成了这张摇凳，它利用一个用过的皮革马鞍和加斑木夹板结构，这款椅子时尚休闲、老少皆宜。

网址：www.lolldesigns.com

生态设计关键词：可回收　就地取材

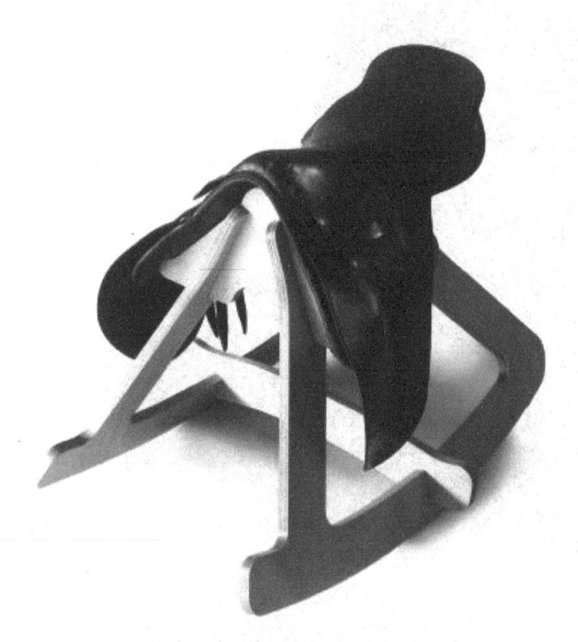

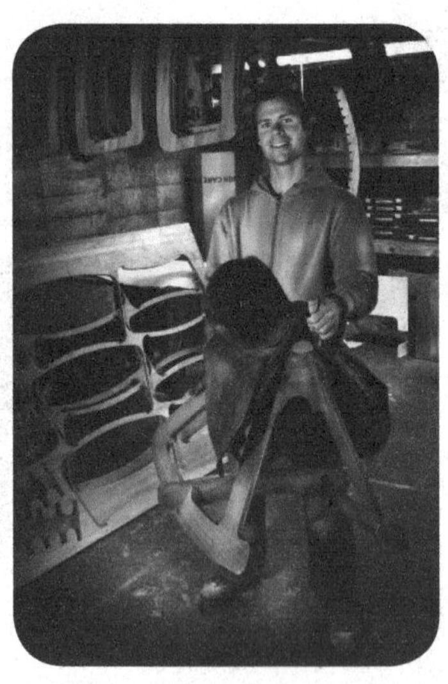

112/ Surfin kids art time easel/ 冲浪小子艺术时间书架

设计者：Inmodern/ 现代家具公司

这个书架是现代家具公司“生态幼儿”（Ecotots）系列产品之一，它的结构简单，而且都是环保材料。书架由三块 100% 不含甲醛、森林管理委员会认证的 SmartWood 组成，并使用一种耐用的 100% 无毒水性面漆，所以非常适合环保人士使用。这个书架能平整包装，节省包装材料。

网址：www.inekehans.com

生态设计关键词：低耗能　低废料　无毒素　可回收　妥善利用资源

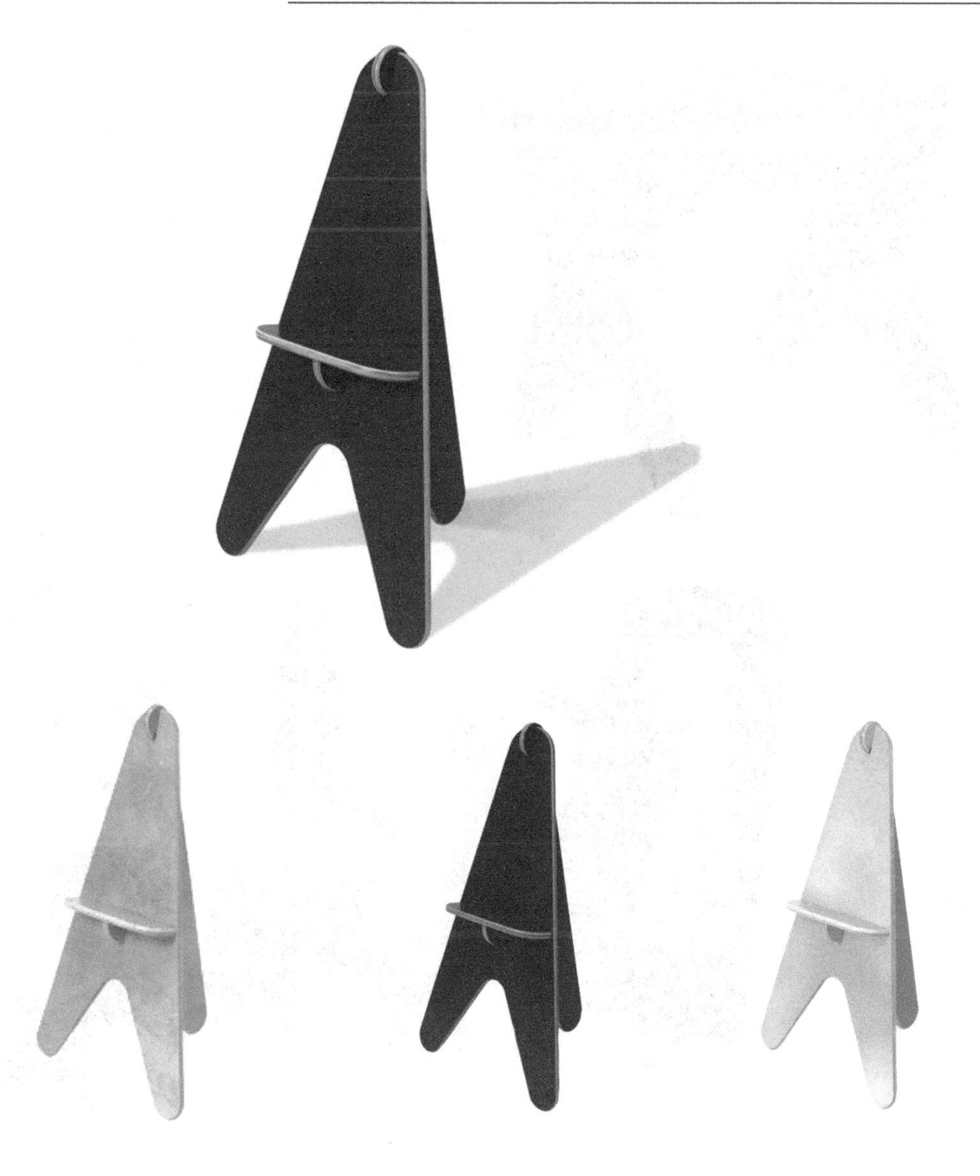

113/Linear bookcase/线性书架

设计者：Inmodern/现代家具公司

这个书架是现代家具公司冲浪板办公桌的儿童版，按比例缩小后适合5～10岁的孩子。整个家具简洁实用，是由6块100%无甲醛、森林管理委员会（FSC）认证的实木。冲浪板办公桌旨在鼓励小朋友独立学习，强调阅读和学习的重要性，书架可以保持个人学习工作区域的整洁、有条理。

网址：www.inekehans.com

生态设计关键词：低耗能　低废料　无毒素　可回收　妥善利用资源

114/ Cardboard furniture/ 纸板家具

设计者：Foldschool 公司

什么是好的设计：美观、实用、成本低，这也是设计的初衷。Foldschool 公司为孩子们设计了纸板家具系列，是可以在家里用纸板、裁剪刀和胶水就能组装的家具。孩子们在网上下载各种样式后，可以根据自己的意愿对其个性化设计，画上自己喜欢的图案或者涂上不同的颜色，纸板家具的环保特性不仅仅体现在它的材料使用方面，而且 DIY 的个性可以避免生产过剩、便于运输、减少浪费。

网址：www.inekehans.com

生态设计关键词：可回收　便于运输

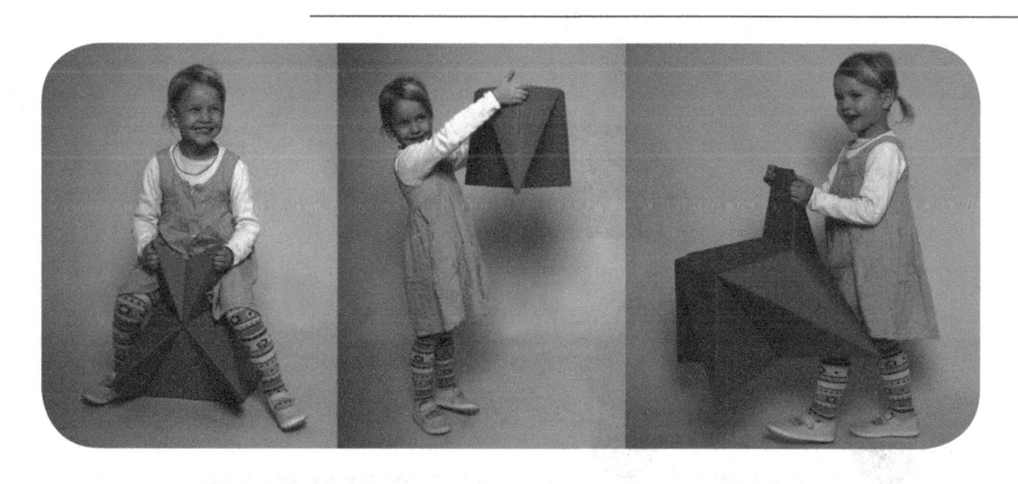

115/Puppy/小狗

设计者：Eero Aaraio/埃罗·阿尔尼奥

Puppy的设计者芬兰著名设计师埃罗说过：很多东西都可以做椅子，而椅子则只能作为椅子。Puppy原来的设计是一个儿童玩具，但也可以作为一件家具使用，或作为一个收藏品，甚至可以作为一把椅子，这正好印证了埃罗的说法。Puppy只采用了聚丙烯一种材料，形象可爱，功能多样，当Puppy成为一件令人喜爱的产品体现其艺术价值的时候，它就不容易被丢弃——这就是它成为生态设计的原因。

网址：www.magisdesign.com

生态设计关键词：可循环使用

116/ Sedici animali/ 木制拼图

设计者：Enzo Mari/ 恩佐・玛丽

这是恩佐・玛丽为孩子们设计的集解谜和游戏于一身的木质玩具，它是由表面未做任何装饰的柞木制成，表面没有做任何处理，所以也不会带来任何化学物质。这款 16 只动物组成的玩具已成为收藏家的珍品，每年仅推出限量款。如今这位意大利设计师所奉行的环保原则正在玩具生产领域得到越来越广泛的认同。

网址：www.danesemilano.com

生态设计关键词：无毒素　便于运输

117／Play object/ 游戏物体

设计者：A4A Design /A4A 设计工作室

这是 4A4 设计工作室利用回收的蜂巢硬纸板制作的可以供小孩玩耍的立体物品。它可以根据划痕轻易地进行组装，这组设计包括动物、一颗苹果树、一株仙人果、一朵小花、一架飞机、一间房屋。该设计可以拆装成平整的包装，便于运输，十分环保。

网址：www.a4adesign.it

生态设计关键词：可回收　便于运输

118/Creatures/创造物

设计者：Droog/楚格公司

这件玩具的设计者罗肯菲德旨在鼓励孩童多思考并重复利用材料，而不是用过即丢弃。这件作品以支离破碎的老旧玩具，结合从大自然和垃圾桶中找到的其他玩具制成，成品是各种可供选择的独特的创造物，真的会游泳、闪烁着发光源、追赶、飞行、翱翔、爬行、拍翅、跳跃和发笑。设计不仅是一件玩具，更是宣扬一种环保的文化。

网址：www.droog.com

生态设计关键词：可回收

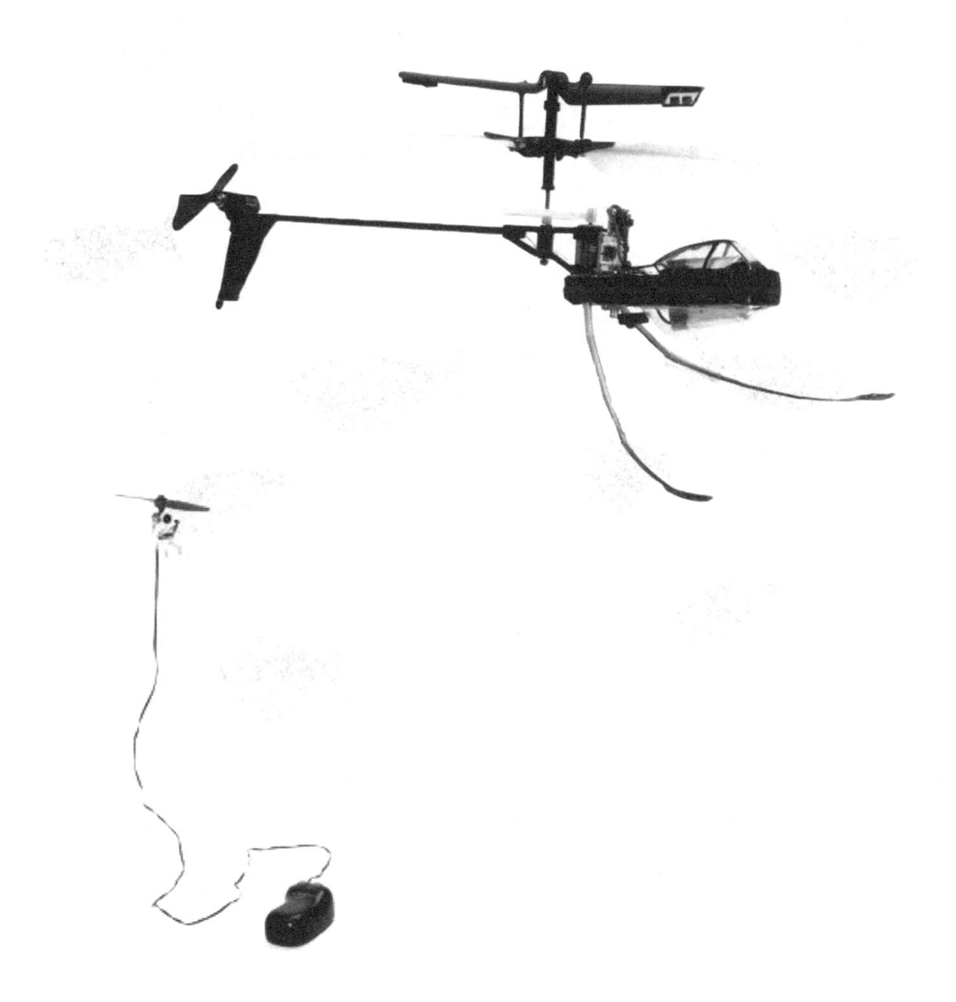

119/Lucky fish mobile/幸运鱼挂饰

设计者：Christian Flensted / 克里斯蒂安·弗兰斯德

这些挂饰是由一间家族企业在丹麦手工制作的，他们从 1954 年就开始设计挂饰，这件产品的原料包括回收的硬纸板、永续性木材、金属丝和线等简单的原料制成。在制作工作中采用传统的方法，他们的员工都是当地人，他们在家工作，节省通勤和工厂成本。

网址：www.danish-design.co.uk

生态设计关键词：低能耗　可回收　妥善利用资源

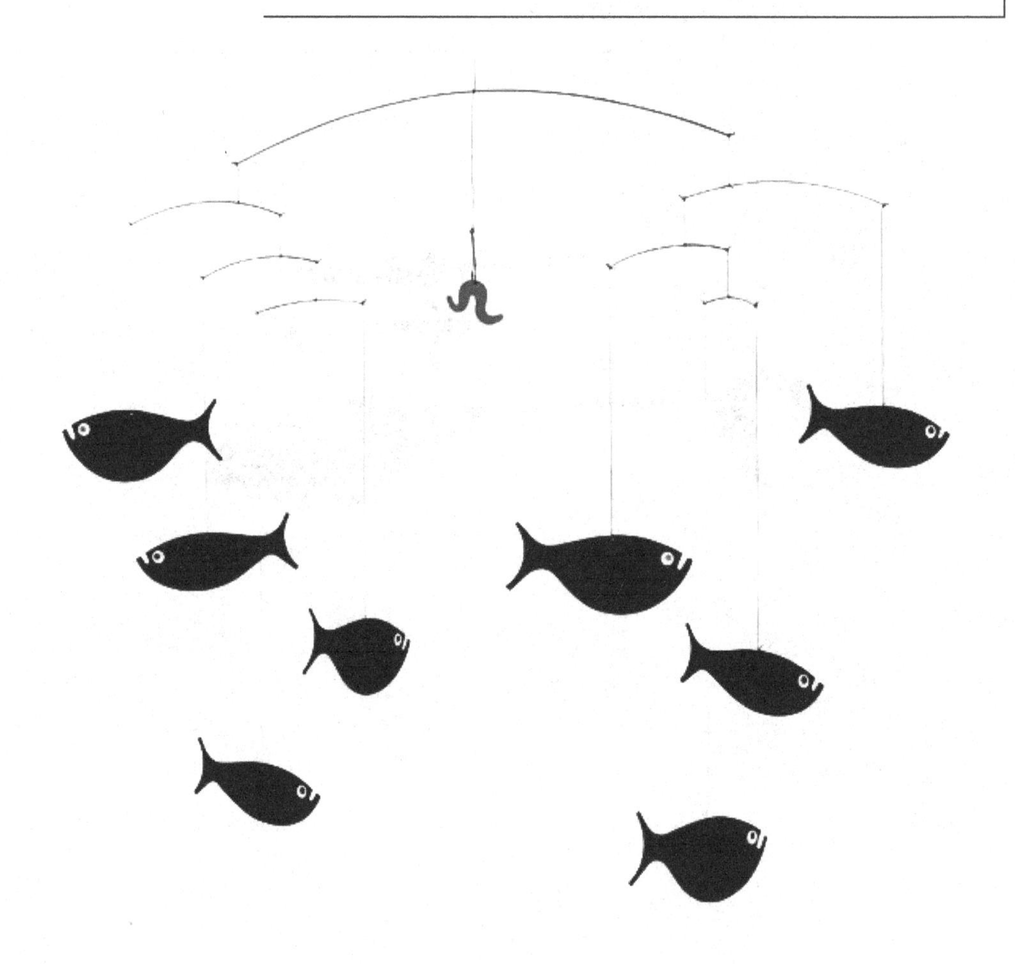

120/Float mobile/ 漂浮挂饰

设计者：Blue Marmalade/ 蓝色柑橘酱公司

这件产品的设计灵感来自热带鸟类和热带植物，缓缓的运动让人赏心悦目，就像蓝色柑橘酱公司所有的产品一样。这款挂饰以单一一种材料做成，即使连接各部分的线也不例外，所以寿命告终时容易回收。这个挂饰是用套件的形式平整包装，以聚丙烯塑胶做成，节省包装成本。

网址：www.bluemarmalade.co.uk

生态设计关键词：低能耗

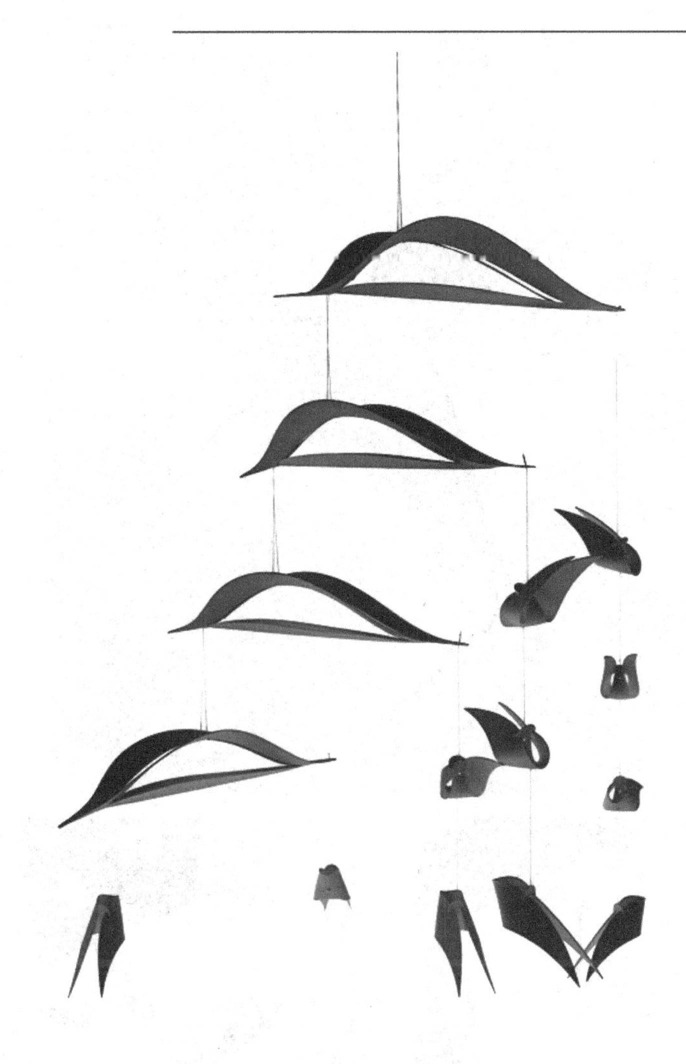

121/Eco cradle/生态摇篮

设计者：Ecoutlet/生态专门店

这张时髦而创新的摇篮是为刚出生几个月的婴儿在家使用设计的，整个产品完全以回收的硬纸板做成，安全、轻质、容易组装拆卸，是一种永续性的风尚，此外，产品外层还用一种友善环境的无毒阻燃剂保护。

网址：www.ecoutlet.co.uk

生态设计关键词：低能耗　回收的　可回收　妥善利用资源

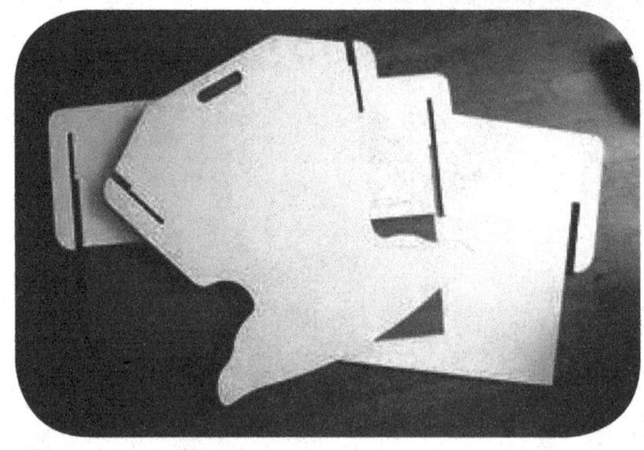

122/Loline changing trunk/Lo 系列换尿片箱

设计者：Kalon Studios / 卡隆工作室

这个大箱子以永续性竹材夹板资源和无毒的粘胶制成，并用一种 100% 天然的无毒面漆涂装。这件产品设计简洁、操作简单，适合放在家中任何地方。

网址：www.ecoutlet.co.uk

生态设计关键词：低能耗　可回收　妥善利用资源

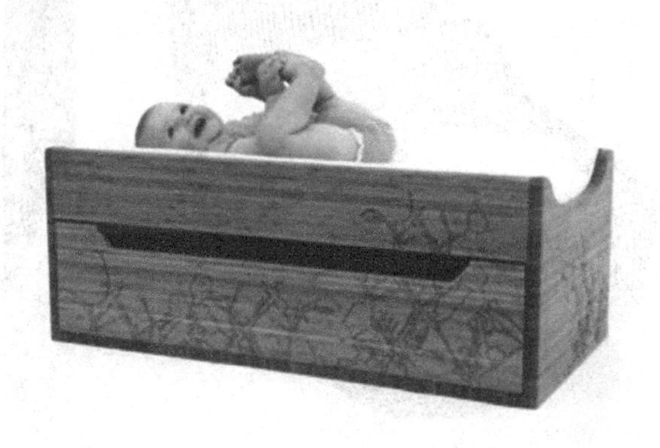

123/ Le petit voyage crib/ 旅行婴儿床

设计者： Kenneth Cobonpue/ 肯尼思·柯邦普

这张婴儿床的架构以回收的金属做成，而且材料上面完全没有涂装有毒或者人造面漆，并且用焦麻藤和布里棕榈做成了这张舒适的软罩床，这些材料是世界上最好的天然纤维。

网址：www.kennethcobonpue.com

生态设计关键词：低能耗　可回收

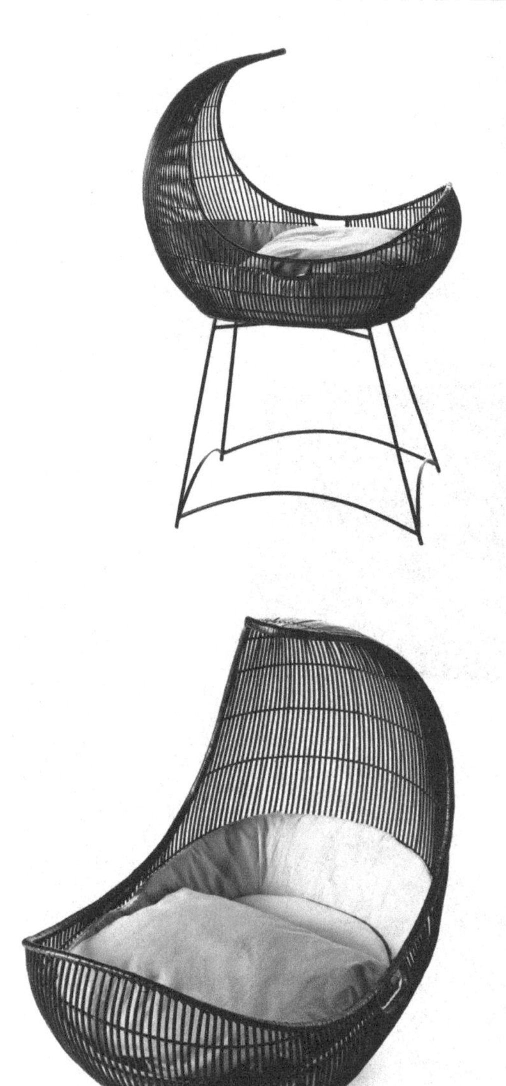

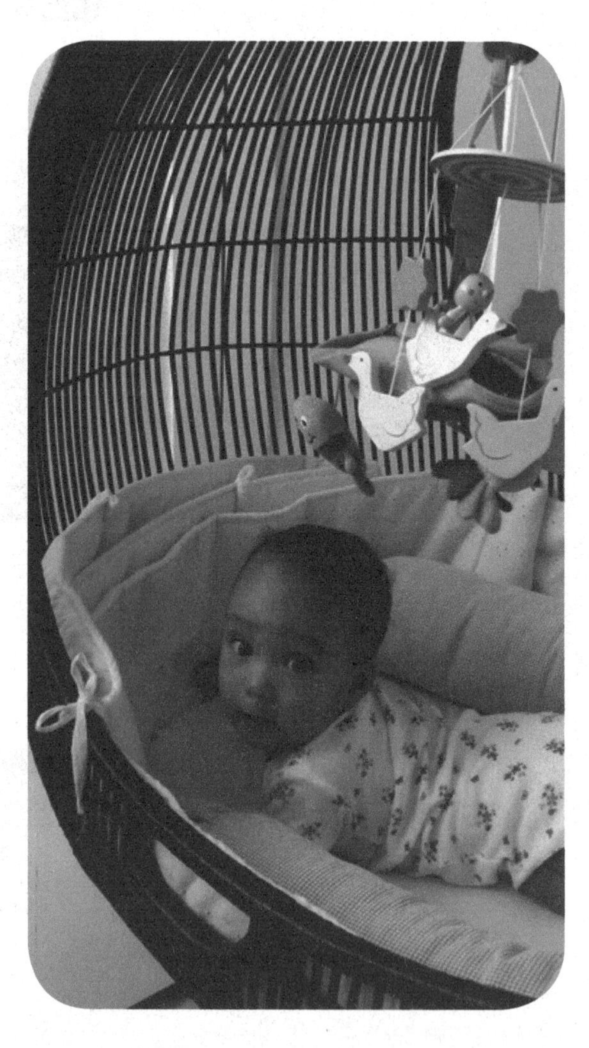

124/ Seed chair/ 种子椅

设计者：TumFumi 公司

这张椅子遵循从摇篮到摇篮的永续性循环，当小孩成长到坐不下的时候，可以把它打碎埋进土里，它以软木片混合花卉种子做成，一旦椅子分解进入土壤，种子就会生根发芽，那个地方会长出花朵。

网址：www.tumfumi.com

生态设计关键词：生物可分解　妥善利用资源

125/Finish yourself junior chair/告别年少椅子

设计者：David Graas/大卫·葛拉斯

葛拉斯选择硬纸板作为这张椅子的唯一材料，确保它在寿命告终的时候，容易拆解及做成堆肥，这张椅子用套件的形式平整包装送达，可以在家组装，节约运输成本。

网址：www.davidgraas.com

生态设计关键词：生物可分解　低耗能　可回收　妥善利用资源

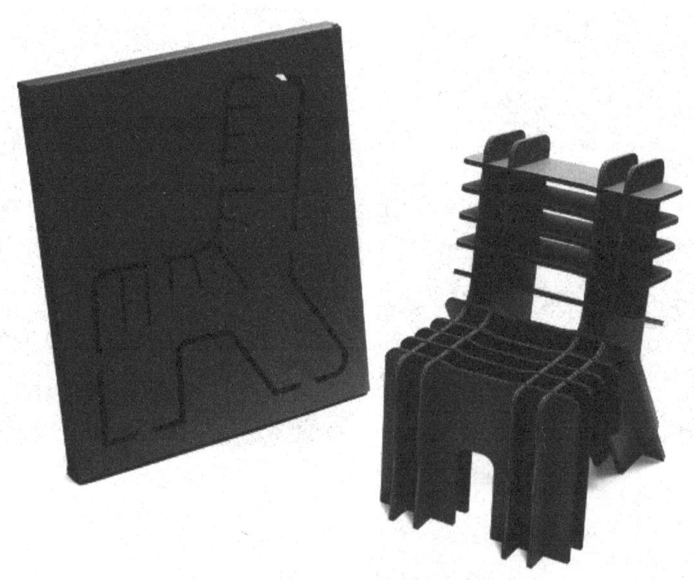

126/Bzzz honey packaging/ 蜂蜜创意包装设计

设计公司：Backbone Studio 工作室

这款设计一目了然的外观呈现出原生态的蜂蜜特色。“最美味的蜂蜜是在蜂巢，”这是设计师们想表达的核心。但是这种自然美味的蜂蜜是不能在任何一个市场买到的。于是，设计师们用木头隐藏着蜂蜜让外观看起来像个简易的蜂巢。简单但同时木质包装透出自然、生态、口味纯正的感官信息，让你想要马上打开去品尝它。

网址：www.backbonecreative.net

生态设计关键词：可回收

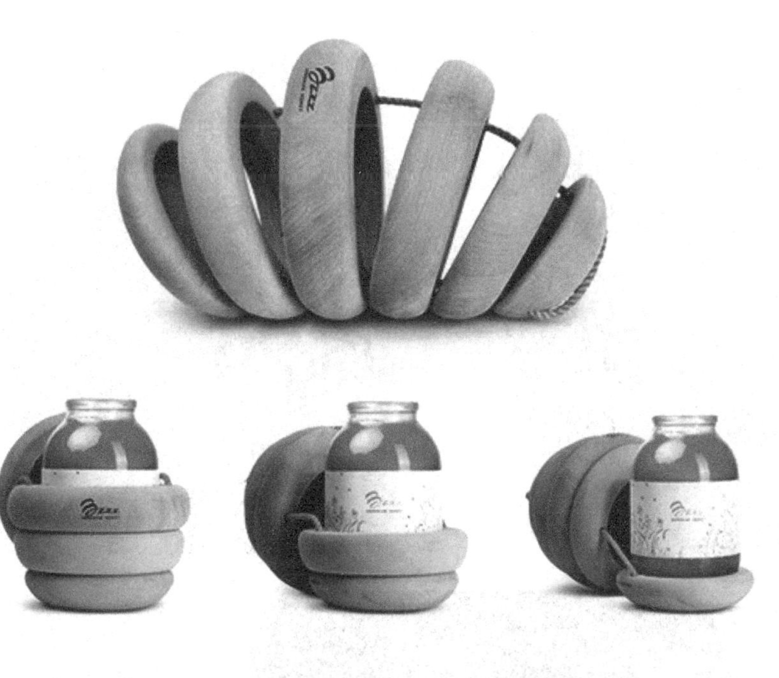

127/60 bag/60 天可完全降解的购物袋

设计公司：60 bag 公司

这种袋了是自然界最好的朋友，它是由亚麻粘胶无纺布制成的生物可分解的购物袋，并且在被丢弃后 60 天内自然分解。它的材料研发和制造的中心在芬兰，它的材料亚麻粘胶织物是由亚麻纤维的工业废料研发而成，这意味着它不需要任何的天然资源，并且在生产过程中也只需要很少的能量，真是一款十分环保且便利的购物袋。现在国外有那么多潮人在使用，可见环保也是时尚的必要元素之一。

网址： www.60bag.com

生态设计关键词：生物可分解　可回收　低耗能

128/PO-ZU packaging/PO-ZU 包装

设计公司：PO-ZU 公司

它是一个 100% 生物可降解的包装，是由一家名叫 PO-ZU 的生态鞋类制造商制作的，它可以作为一个托盘培养幼苗，随着植物的生长，只需将整个托盘放在地上，它就会自然分解。

网址：www.po-zu.com

生态设计关键词：生物可分解

129／Jewelry packaging／珠宝包装

设计公司： Gerlinde Gruber / 格林德·格鲁伯

这个包装是由六个相同的木质立方体制成的，它的材料是油坚果树木，皮革铰链为它提供了开启功能，并且用纸张将它环绕封闭起来，其实也起到一种很好的装饰效果，整个包装都由100%生物可降解的天然材料制成。

网址： www.kopfloch.at

生态设计关键词：生物可分解

130/Light bulb package redesign/ 通用灯泡包装设计

设计公司：Mongkol Praneenit

这个环保包装是为通用电气高端灯泡设计的，旨在强烈鼓励发展可持续性设计，因此，这个包装设计的材料是可回收材料，配色上也追求环保设计，所有的信息都清晰地纳入一个标签系统，来减少整个过程中的印刷。

网址：www.behance.net

生态设计关键词：生物可分解

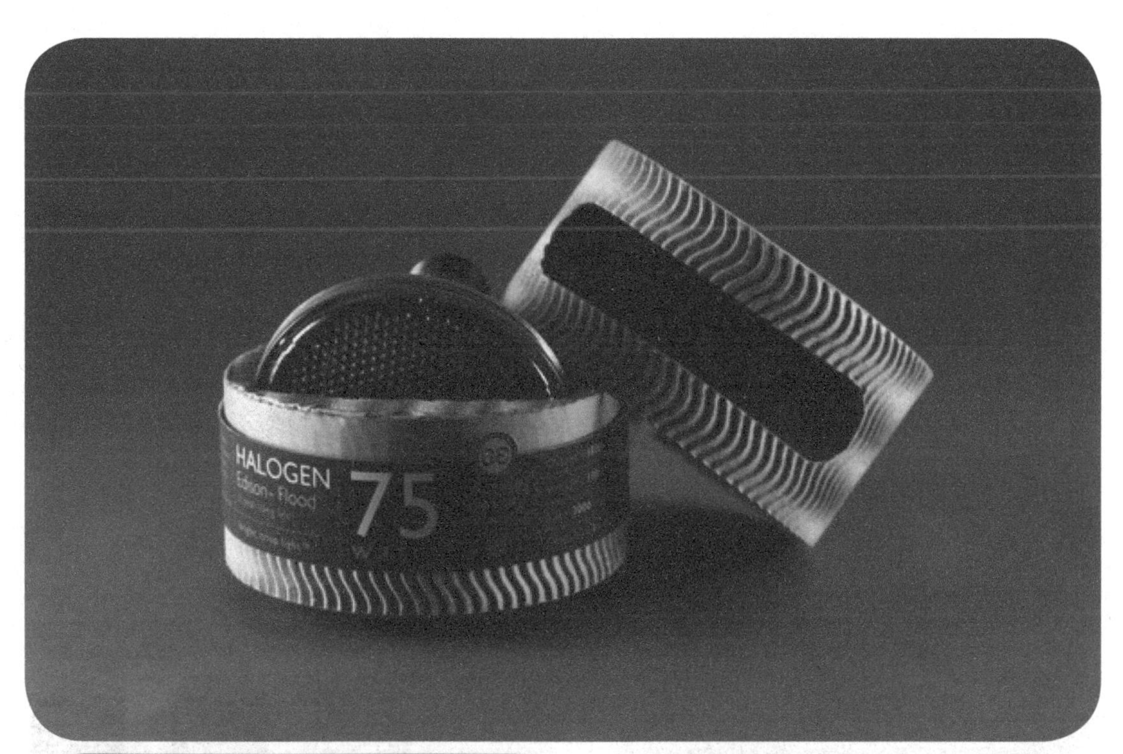

131／Happy eggs package 快乐鸡蛋包装

设计者：Maja Szczypek

Happy eggs 鸡蛋包装，并没有采用通常所见的塑料盒子、纸盒子之类，而是别出心裁地使用了经消毒处理的干草，再将之压缩、加固，就变成了这样一个个超级生态的外包装，让你日常取用鸡蛋，也有像是在草丛中寻寻觅觅之后的小惊喜。

网址：www.behance.net

生态设计关键词：生物可分解

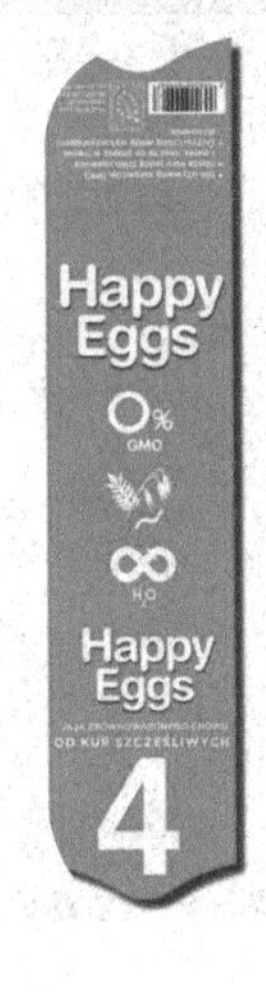

132/ EcoBag / 生态包装

设计者：Vera Zvereva, Maria Mordvintseva, Julia Zdanova

平均每人每年大约扔掉 300 个塑料袋和纸袋。大多数塑料袋最终在垃圾掩埋场需要经过几个世纪才能分解。EcoBag 可以针对这种问题做出更生态的色袋设计。EcoBag 的色袋材料里混合了各种植物的种子，无论你把它扔在哪里，它都将在降雨后分解，变成一株株美丽的甘菊、三叶草等。

网址：www.behance.net

生态设计关键词：生物可分解　妥善利用资源

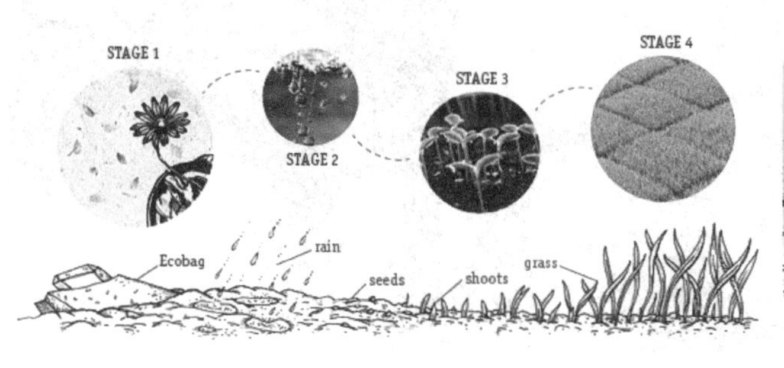

133/ Ecoway/生态外卖包装

设计者：Tal Marco/泰·马可

Ecoway是一种用芭蕉叶制作而成的外卖包装。芭蕉叶在采摘过后很长一段时间都能保持很好的强度，只要进行简单的切割就是一种很好的包装材料。整个包装是将叶子折叠，包住实物，然后用木质锁扣扣住，完全不需要采用胶水，打开时只要顺着叶子的纹理即可。

网址：www.designboom.com

生态设计关键词：生物可分解　妥善利用资源

134/ Branding&packaging design/ 品牌和色袋设计项目

设计公司：Ady Chng

Tea 是法国一家新的花草茶行，它致力于促进环保、农业的可持续发展和创造自然高品质的茶。这个设计项目包括创建一个品牌的名称、标志、文具、包装标签和画廊展示，泥土的色调反映了设计对社会环境责任的理念，多功能透明的罐子设计是为了产品的可循环利用。

网址：www.behance.net

生态设计关键词：生物可分解　妥善利用资源

135/Sue bee honey/苏蜜蜂蜜

设计师：Ashley Gustafson/阿什利·古斯塔夫森

这是设计师 Ashley Gustafson 为苏蜜蜂蜜创造的一个经典的包装设计。苏蜜是一个有历史感的蜂蜜品牌，是由 5 个养蜂人 1921 年在苏城附近的爱荷华州创建的。新设计向全世界的客户传达简单、温暖、迷人的产品风格，这种生态友好型蜜罐是由经森林管理委员会认证的金合欢和柚木制成。

网址：www.thedieline.com

生态设计关键词：生物可分解

136/Morning ritual: organic strained yogurt/ 早晨的仪式：有机浓缩酸奶

设计者：Jeremy Mellon/ 杰里米・梅隆

“早晨仪式”公司的有机酸奶是为充满活力的年轻女性创造的，目标人群是 18 ~ 24 岁之间的女性。这些女性不仅希望自己的生活是健康的，更希望是生态友好的，她们喜欢博物馆、艺术和自然。该设计提供了一种健康的方式来开启美好的一天，有机酸奶系列包括大小不同的规格，除了有机酸奶，“早晨仪式”公司还提供椒盐卷饼，作为在旅途中的一个健康零食。该公司还生产一些环保的家居饰品，例如100%的竹子制成的碗和勺子，有机棉和麻制的餐巾等等，开启你生态健康的一天。

网址：www.behance.net

生态设计关键词：生物可分解　低能耗

137/红酒盒创意台灯

设计公司：Ciclus公司

Ciclus是西班牙一家致力于研究开发可持续环保包装的工作室。很多时候我们买回东西的盒子基本上是当垃圾处理掉的，但是其实这是一个很大的资源浪费，如果把外包装设计成一件可使用的产品，就不会产生那么多的垃圾了。Ciclus公司设计的这款香槟包装盒，可以变成灯；软木瓶塞集合起来可以形成隔热垫。

网址：www.ciclus.com

生态设计关键词：可回收　可循环使用

138/ Eco & sustainable premium Thai pomelo packaging/ 生态与可持续发展高级泰柚包装

设计公司：Patakukkonen 公司

设计取材于一种水生植物，这种独特的包装，可促进泰国的农产品发展。这个环保包袋能吸引消费者，提升高品质的泰国水果溢价或进入礼品市场。该包装材料能在 3 个月内分解。这款泰柚的包装设计灵感来自泰国的自给自足经济理念和泰国国王强调可持续发展和自力更生的发展方向。

网址：www.patakukkonen.fi

生态设计关键词：生物可分解　就地取材

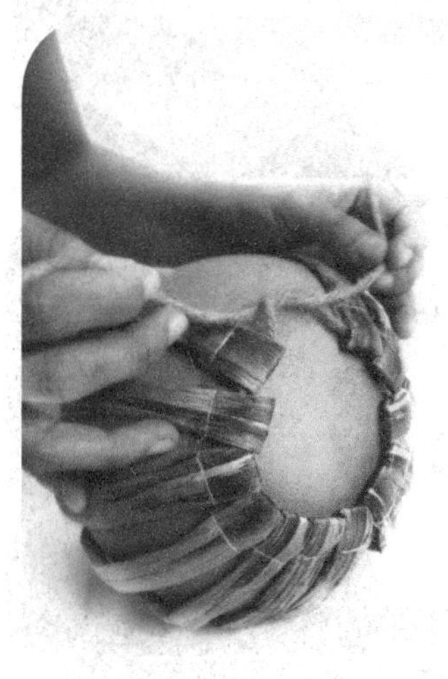

139/ Trafiq/ 快餐食品包装

设计者：Kiss Miklos/ 米克洛斯

这款快餐包装主要颜色以黑白为主，很简洁，让人一下就把注意力都集中到了食品上，可谓很巧妙的设计。而且包装的样式也有很多种，比如抽屉型的薯条包装，可折叠的汉堡包装，还有分层的薯片和沙拉包装，都很巧妙。他们没把太大的心思花费在外观上，而是放在了包装盒的方便使用上。外观上看，很简单，让人看着很舒服。

网址：www.kissmiklos.com

生态设计关键词：生物可分解

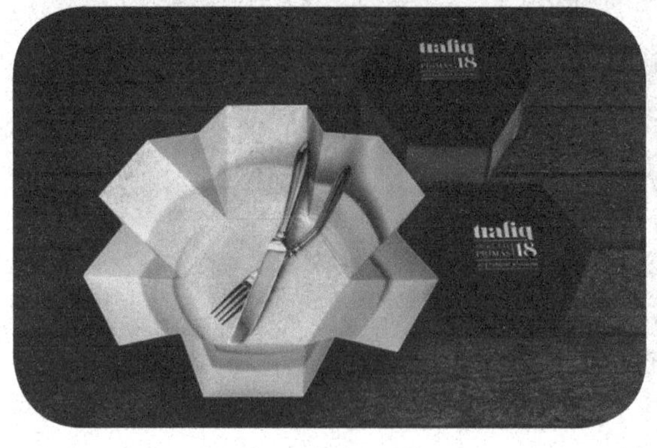

140/LV eco packing/ 路易·威登生态包装

设计公司：LV/ 路易·威登公司

如何在奢侈品品牌尤其是像路易·威登这样的品牌包装中引入生态概念，这是一个值得思考的问题。这款生态包的设计反映了路易·威登的设计原则，这个包既具有普通皮包的特点，也具有一些奢华的细节，如用热烫箔制成的品牌 logo，包的行李箱的形状暗示着这是一款旅游箱包的概念。

网址：www.pinterest.com

生态设计关键词：可循环使用

141／CLEVER LITTLE BAG／彪马生态鞋盒

设计公司： Fuseproject 公司

运动服饰厂商 PUMA 的新鞋盒——CLEVER LITTLE BAG，据说用纸量比以前减少了 65%，这种新包装从 2011 年开始推广，2015 年完全取代现用的包装，而且到 2015 年，PUMA 的工厂、仓库、店铺、办公室的二氧化碳、耗电、废水量和废弃物量削减 25%。工业设计师 Yves Béhar 和 PUMA 费时 2 年多在 2000 多个设计中选出了 40 多个候选方案，最终采用了现在的设计。它由一个不织布包和一块瓦楞纸组成，不仅大幅削减了纸的用量，连印刷墨水的使用量也少了很多，不织布包更是可以反复使用。同时因为重量减轻了，所以也能省下一大笔运输费用。

网址：www.fuseproject.com

生态设计关键词：低能耗　可循环使用

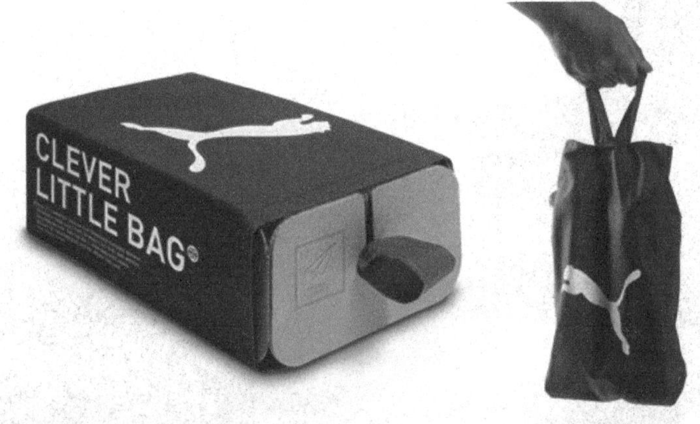

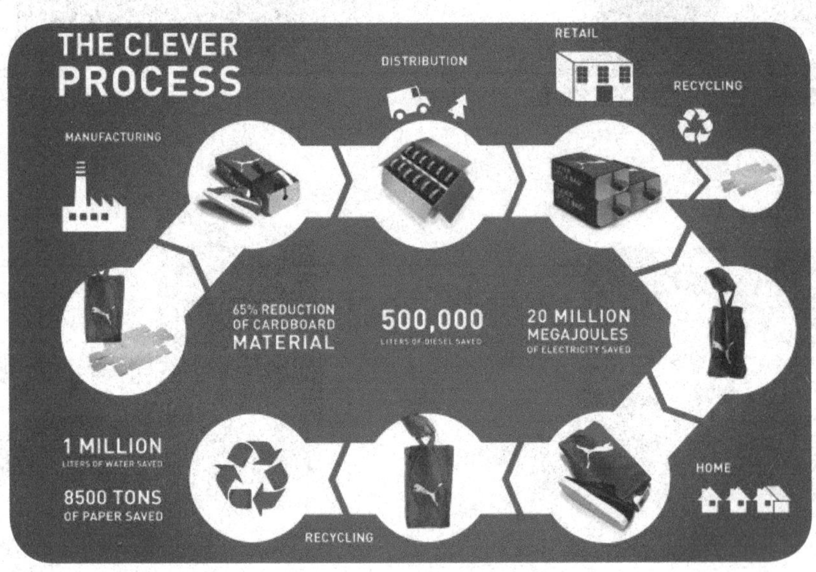

142/ Beta5/ 巧克力包装设计

设计公司：Glasfurd 和 Walker 公司

这是来自 Glasfurd 和 Walker 的 Beta5 巧克力包装设计，三角形元素来自于巧克力的晶体结构，这是可可脂最稳定的结晶形式。采用牛皮纸，使其更具原生态。三角形巧克力原色单线使包装充满了活力。

网址：www.glasfurdandwalker.com

生态设计关键词：无毒素

143／绿色牛奶瓶

设计公司：Martin Myerscough 公司

这个包装曾在英国的宜家连锁超市经过测试，结果显示这种材料不会释放任何有害物质到内部的液体中。这款包装的外部材料采用可再生白纸，内侧由可再循环的聚乳酸（PLA）制成，这种包装对环境的影响比利乐包包装要少48%，在包装的生命结束后，它的内外两层可以分别回收，特别是其中的纸还可以再利用。

网址：www.greenbottle.com

生态设计关键词：无毒素　可回收　便于运输

144/ PlantLove 化妆品包装

设计公司：Hana Zalzal 公司

这款唇膏的唇刷和外壳完全由聚乳酸制成，外包装取材于可再生纸板，在制造过程中也尽量消除温室气体的排放，所以其生产线是一种可持续的方式。这款产品的加拿大公司希望能使其顾客意识到环境问题，消费者还能在网站上种植虚拟鲜花，而收入都会作为给保护国际基金会的捐款。2008 年，更因为其包装而获得杜邦奖。

网址：www.cargocosmetics.com

生态设计关键词：无毒素　可回收　便于运输

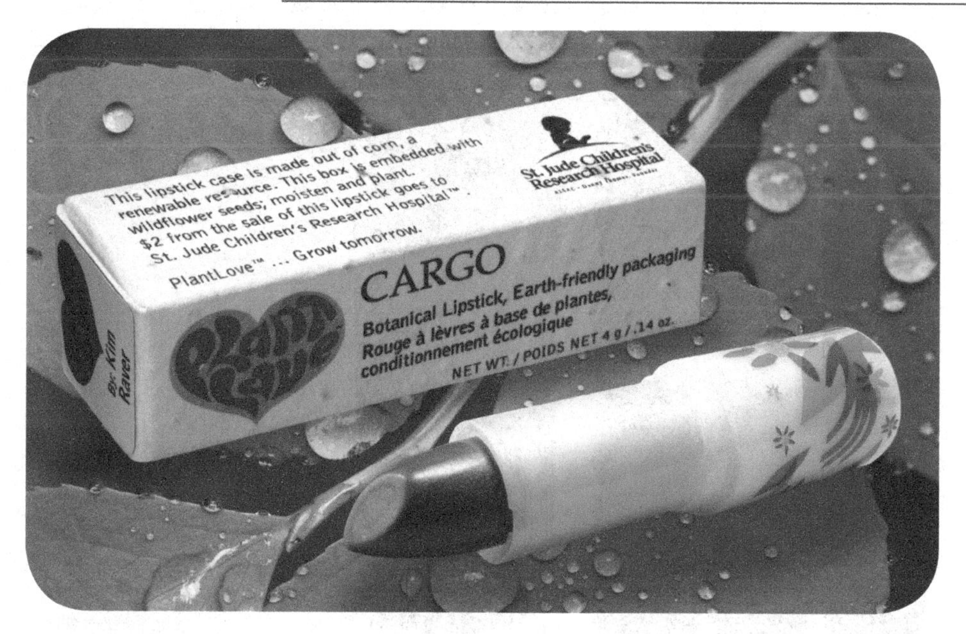

145/360° 纸质水瓶

设计师：Jim Warner

有数据表明：2006年仅美国一个国家就产生了270万吨的PET塑料瓶，其中五分之四都被当成垃圾丢掉。世界各地正在有越来越多的人开始饮用塑料瓶装水，Brandimage公司设计的一种纸质水瓶合理地解决了这个问题，360° 纸质水瓶完全是绿色产品，不仅在生产阶段，取材于纤维和棕榈叶，并混合PLA薄膜压合而成，使包装防水，所以在废弃后能完全降解，而且在其生产的过程中，其商标印制采用压刻技术，全程实现了无墨水化。

网址：www.brand-image.com

生态设计关键词：无毒素　生物可降解　便于运输

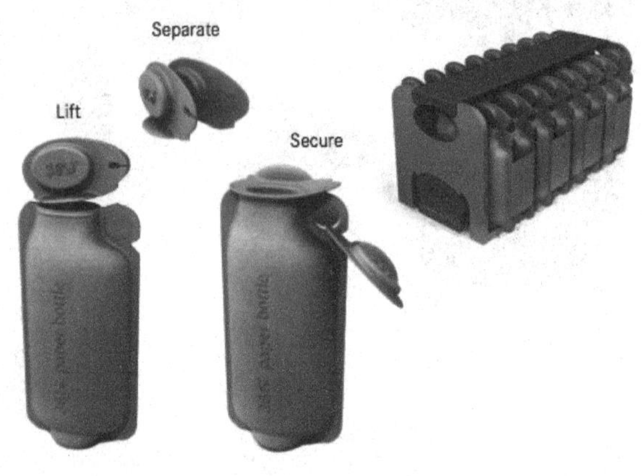

参考文献

[1] 黎德化．生态设计学．北京：北京大学出版社，2012.

[2] [马来西亚] 杨经文著．生态设计手册．黄献明等译．北京：中国建筑工业出版社，2014.